Alles über Technik und Wissenschaft, früher, heute,
und wie's vielleicht weitergeht. Und wie Technik
helfen kann – auch wenn's mal eng wird …

Christof Gießler

Spurensuche
in der
Welt der Technik

Deutsches Museum

Inhalt

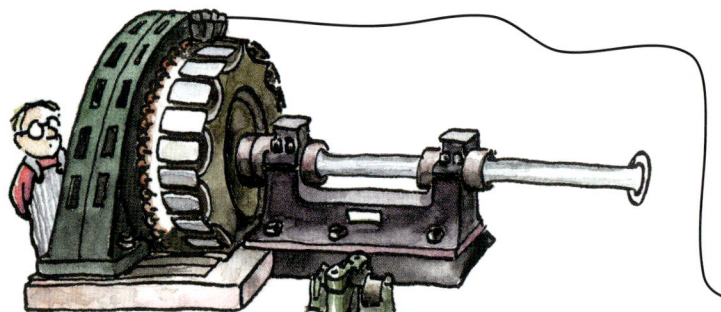

Nachts ...

... sind alle Katzen grau. In der Dämmerung lösen sich die Farben langsam auf und wir können nur noch hell und dunkel unterscheiden. Manchmal scheint der Mond durchs Fenster und in klaren Nächten blinken die Sterne am Himmel.

Das Rätsel ihrer immer wiederkehrenden kreisenden Bewegungen steht am Anfang aller Wissenschaft, die – genau genommen – noch gar keine ist: Götter und Geister, Sagen, Dämonen und Wunder gesellen sich zu den Naturbeobachtungen der Priester und Schriftgelehrten. Erst langsam, Schritt für Schritt, lösen die Erklärungen der Forscher und Wissenschaftler das alte Bild der Welt ab; ein Bild, in dem alles seinen Platz und seine unerklärliche Ordnung und feste Bedeutung hat – der Thron der Götter gerät ins Wanken ...

Heute ...

… ist die Welt erforscht – vom Feuer der Sonne bis zum Eis in der Tiefkühltruhe, die Kräfte der Natur sind erkannt, ihre Schätze sind für die Menschen nutzbar gemacht (ob man sich die Schätze leisten kann, ist eine andere Frage).

Trotzdem wird immerzu weitergeforscht, an der Gen-Kartoffel zum Beispiel und im Weltraum. Altes wird ausrangiert, macht Neuem Platz, bis das Leben mit all den schönen neuen Sachen zur Gewohnheit geworden ist (und auch mancher Quatsch aus dem Alltag nicht mehr wegzudenken ist). Autos und Smartphones, Kaugummi, Kontaktlinsen, Großraumflugzeuge, Nagellack und Computerspiele: Alles ist da und keiner merkt den Dingen an, wie mühevoll es war, sie herzustellen. Techniken mussten entwickelt, Werkstoffe gefunden werden und auch die Wissenschaft muss immer ihren Teil dazu beitragen.

Wer denkt sich denn noch viel dabei, wenn er das Licht anknipst? Dass der Strom aus der Steckdose kommt, weiß jeder, bloß: Wie ist der denn da eigentlich hineingekommen?

Die Hand der Bavaria.
Und was hat sie mit Miller zu tun?

1743 konstruieren Leipziger Professoren die erste brauchbare Elektrisiermaschine.

1745 Leidener Flasche von Musschenbroek und Kleist

1750 erfindet Franklin den Blitzableiter.

1786 experimentiert Galvani mit Froschschenkeln.

1789 Französische Revolution, in Paris wird das Conservatoire des Arts et Métiers gegründet.

1800 entwickelt Volta die erste elektrische Batterie, die „Volta'schen Säulen".

1826 veröffentlicht Ohm die Gesetze der Elektrizität.

1847 gründen Siemens und Halske in Berlin eine Telegrafen-Bauanstalt.

1850 wird die Bavaria, die größte Bronzestatue der Welt, auf der Theresienwiese in München aufgestellt.

1852 Das South-Kensington-Museum wird in London gegründet, heute heißt es V&A: Victoria and Albert Museum.

1866 erste Dynamomaschine von Werner von Siemens

1879 elektrische Bahn von Siemens in Berlin

Spannung

Die Millers
und der Strom

1881 Erste internationale Elektrizitätsausstellung in Paris mit der Vorführung
der Edison-Glühlampe

1882 Internationale
Elektrizitätsausstellung in
München

1884 Blockstation in der
Friedrichstraße in Berlin

1887 Die Allgemeine Elektrizitätsgesellschaft (AEG) in Berlin wird
gegründet.

1895 werden die Röntgenstrahlen
entdeckt.

1903 gründet Oskar von Miller
das Deutsche Museum von
Meisterwerken der Technik und
Naturwissenschaften.

1924 geht das Walchensee-
Kraftwerk in Betrieb.

1925 22 Jahre nach der Gründung
wird der Neubau des Deutschen
Museums auf der Museumsinsel
eingeweiht.

2015 Eine zehnjährige Umbau-
phase beginnt, in der das Museum
von Grund auf erneuert wird.

Strom

Bisweilen tobt am Himmel ein höllisches Spektakel, das die Menschen noch nie ruhen ließ.

Zum Donnerwetter

Elektrizität ist eine universelle Energie. Das heißt, sie ist überall auf der Welt und steckt in allen Teilen der Materie. Als Magnetkraft hat die Energie auch eine Richtung, das zeigt der Kompass an: Seine Nadel weist immer nach Norden.

Manchmal schaukelt sich die natürliche Elektrizität auf und die „knisternde Spannung" entlädt sich: Das kennen wir vom billigen Teppichboden – wenn man da nur lange genug herumschlurft, gibt es beim Griff nach der Türklinke, einem eisernen Geländer oder dergleichen einen empfindlichen Schlag. In der Natur kracht es bei den Entladungen gewaltig und man tut gut daran, ein Dach über dem Kopf zu haben; am besten eines mit Blitzableiter. Lange Zeit war den Menschen der Zusammenhang zwischen der tosenden Gewitterentladung und dem Knistern im Fell einer gestreichelten Katze verborgen, aber sie suchten nach Erklärungen und fingen an, die Eigenheiten der unsichtbaren Kraft zu untersuchen und mit ihr – na was wohl? – zu spielen!

Eine Idee schlägt ein.

Gleich krachts.

Vom Schlag getroffen

Mit Elektrisiermaschinen wurden die zufälligen Aufladungen in der Natur systematisch hergestellt: Ein nicht leitender Körper, etwa eine Glaskugel, wurde gerieben, zum Beispiel mit einem Stück Leder, und diese Reibungselektrizität wurde weitergeleitet – oft auf einen Menschen, der dann Papierschnitzel zum Schweben brachte oder einfach nur einen gehörigen Schlag bekam. So hatte man bei Hof seinen Spaß und die Forschung kam voran.

Von der großen Elektrisiermaschine (ganz rechts) wurde die Spannung über die Messingröhren, die an Isolierfäden von der Decke hängen (Mitte), weitergeführt. Unten: Eine Batterie Leidener Flaschen, mit der Spannungen von bis zu 100 000 Volt gespeichert werden konnten.

Die Leidener Flasche

So schön die Elektrisiermaschinen auch Spannung und Gelächter erzeugten – das Vergnügen war nur von kurzer Dauer, denn wenn die Reibung vorbei war, war's auch mit der Elektrizität vorbei, sie konnte nicht gespeichert werden. Dass sie sich doch speichern lässt, diese – fürs Erste ziemlich schmerzhafte – Erfahrung machte ein Forscher in der flämischen Stadt Leiden mit einer Flasche.

In der so genannten Leidener Flasche steckt ein Metallzapfen. Die Flasche ist innen und außen mit Metall beschichtet. So kann Spannung, die von einer Elektrisiermaschine auf den Zapfen geführt wird, in der Flasche gespeichert werden. Die Spannung entlädt sich, wenn man die Flasche hält und gleichzeitig den Zapfen berührt – das tut verdammt weh, war aber seinerzeit auch der Beginn der Elektrotechnik: Wenn mehrere Flaschen zu einer Batterie (!) zusammengeschlossen waren, konnte man es krachen lassen und die Funken knallten einen halben Meter weit. Das hat Eindruck gemacht und zur Nachahmung angeregt.

„Galvanisieren" nennt man das **Metallische Beschichten** von Oberflächen.

*Luigi **Galvani** machte die ersten systematischen Versuche mit – oh Graus – der Elektrizität in Froschschenkeln.*

„Volt" ist die Einheit der elektrischen **Spannung**.

*Alessandro **Volta** führte Galvanis Versuche fort und erfand die erste voll funktionsfähige Batterie.*

Die **Stromstärke** wird in „Ampère" gemessen.

*André Marie **Ampère** erkannte, dass die magnetische Kraft aus elektrischen Strömen besteht.*

*… und **Watt**? Watt war früher und kommt im Buch erst später!*

In einen „Faraday'schen Käfig" kann keine Elektrizität eindringen.

*Michael **Faraday** erzeugte als Erster aus der magnetischen Kraft Elektrizität.*

In „Ohm" wird der elektrische **Widerstand** gemessen.

*Georg Simon **Ohm** hat grundlegende Gesetze der Elektrizität formuliert.*

11

Dynamos

Um Strom herzustellen, brauchen Generatoren ein starkes Magnetfeld. Dafür benutzte man zunächst Batterien oder einen Stahl-Dauermagneten. Werner von Siemens fand heraus, dass im Generator etwas magnetische Kraft bleibt, die sich beim Betrieb des Generators selbst verstärkt. Nach diesem elektrodynamischen Prinzip baute Siemens den ersten Dynamo. Alle Generatoren funktionieren so. Früher hatten die Fahrräder einen Dynamo am Reifen: Dreht sich das Rad, dreht sich der Dynamo und es gibt Licht. Heute sitzt er meistens in der Vorderradnabe.

Es wurde Licht

Strom zieht Besucher an

Werner von Siemens gelang der Durchbruch: Sein Dynamo konnte ohne Fremdhilfe – einen Stahlmagneten oder zusätzliche Batterien – Kraft in Strom umwandeln. Das war zwar manchmal so heiß, dass die Drähte verkohlten, aber damit war auch ein Weg gefunden, Strom von praktisch unbegrenzter Stärke billig und bequem zu produzieren. Zusammen mit der neu erfundenen Glühbirne ist das elektrische Wunder perfekt. Ein begeisterter Besucher berichtet von seinen Erfahrungen auf der Elektrizitätsausstellung 1881 in Paris:

„Der Eindruck der Ausstellung ist überwältigend. Die Beleuchtung übertrifft jede Vorstellung. Die Edison-Glühlampen, die im Gewölbe des Saals und im Treppenhaus angebracht sind, strahlen wie tausend Sterne von der Decke … All dies erscheint wunderbar und märchenhaft. Das allergrößte Aufsehen aber erregt doch eine Glühlampe von Edison, die man mit einem Schalter anzünden und auslöschen kann, an welcher die Menschen zu hunderten anstehen, um diesen Schalter selbst einmal bedienen zu können."

Der begeisterte Besucher heißt Oskar von Miller, er ist Ingenieur für Wasser- und Brückenbau und kommt aus München.

Ein großer Erfolg auf der Gartenbauausstellung in Berlin ist die kleine Siemens-Elektro-Lok. Tausende wollen mitfahren.

Die Millers

Oskar von Millers Vater Ferdinand war Direktor der berühmten Miller'schen Erzgießerei. Oben im Bild sieht man, wie der Kopf der Bavaria aus der Gussgrube gehoben wird und Ferdinand von Miller – der Mann mit dem großen Hammer – die Arbeit leitet. Die Bavaria war zu ihrer Zeit die größte Bronzefigur der Welt. Sie steht auf der Theresienwiese in München, ein Abguss ihrer Hand ist im Deutschen Museum. Das kam so: Ferdinands Sohn Oskar von Miller besucht 1881 die Internationale Elektrizitätsausstellung in Paris. Er ist begeistert und stürzt sich sofort auf das Studium der damals noch recht dürftigen theoretischen Grundlagen der Elektrizitätslehre. Zurück in München, organisiert er im Glaspalast die erste deutsche Elektrizitätsausstellung. Er lässt von einem Stromgenerator eine 50 Kilometer lange Stromleitung direkt in die Ausstellungshallen führen. So beweist er, dass man mit einer weit entfernten Energiequelle und zwei dünnen Drähten interessante Sachen machen kann: zum Beispiel einen künstlichen Wasserfall vor sich hinplätschern lassen.

Vater Ferdinand besitzt eine Erzgießerei, Sohn Oskar baut ein Museum auf und später das Walchenseekraftwerk.

13

Berlin

Aller Anfang ist schwer

Arbeit, Pleiten und Erfolge

Oskar von Miller geht zur Deutschen Edison-Gesellschaft nach Berlin. Die kleine Firma tut sich – wie all die anderen neuen Elektrofirmen – recht schwer mit der neuen Technik, und sogar der Direktor glaubt bisweilen nicht mehr an den Erfolg des Unternehmens. „Wir sind doch rechte Esel", sagt er einmal zu Oskar von Miller, „dass wir das ganze Geld in den Dampfmaschinen und Apparaten Edisons verpuffen!" Aber die Anfangsschwierigkeiten werden überwunden, die Firma nennt sich Allgemeine Deutsche Elektrizitätsgesellschaft – kurz AEG – und der Erfolg wird riesig.

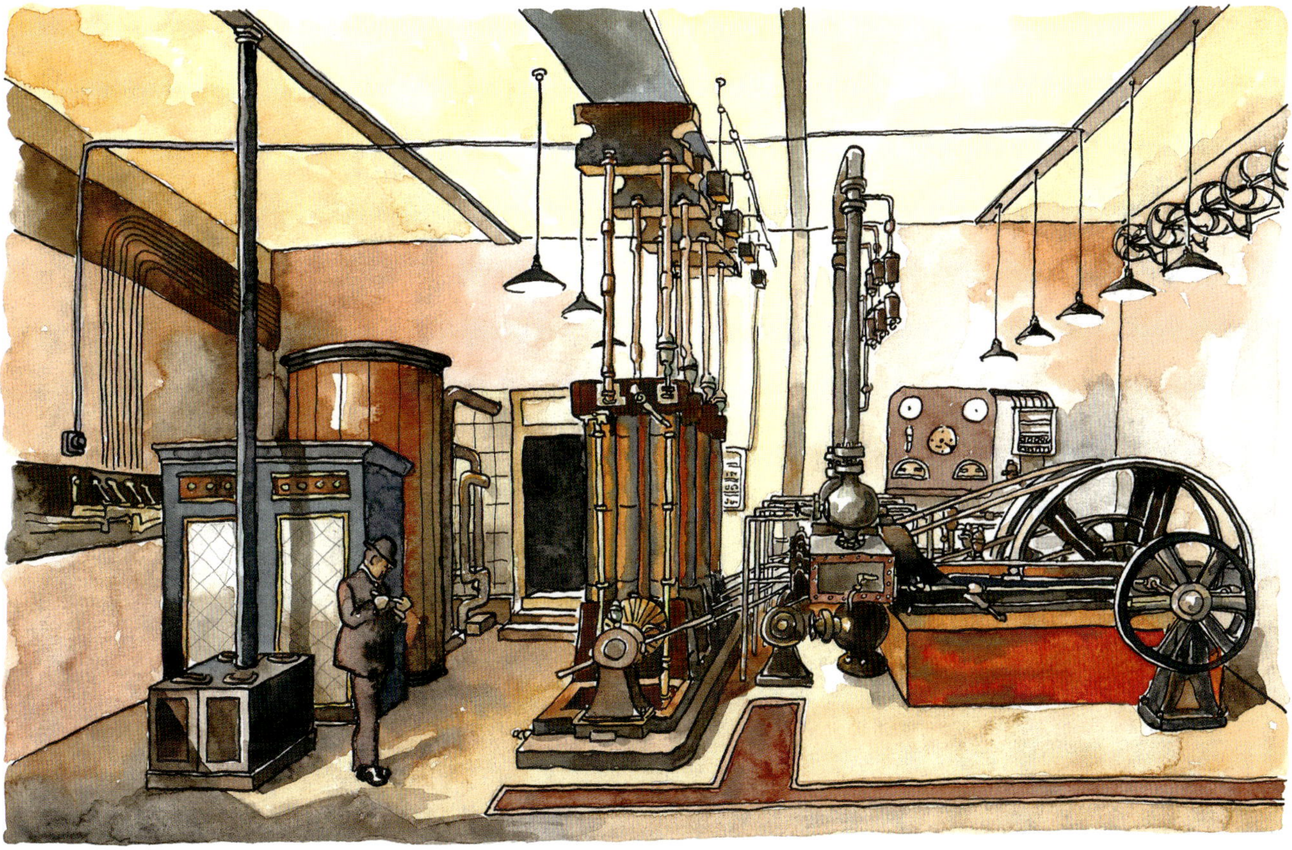

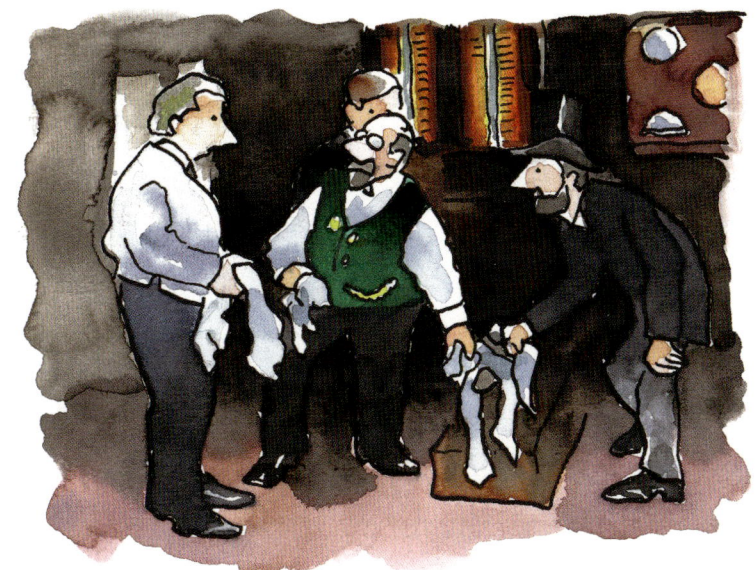

Im Keller des Café Bauer installiert Millers Firma die erste kleine elektrische Kraftanlage; sie besteht aus drei Dampfmaschinen, die über die drei Generatoren die Häuser im Block mit Elektrizität versorgen.

Berlin, Ecke Friedrich- und Schadowstraße mit dem Café Bauer. Zu Millers Zeit erlebte die Stadt einen gewaltigen Aufschwung: Fabriken, Zuwanderer, Banken und Geschäfte machen aus Berlin eine Weltstadt.

Am Anfang müssen auch mal feuchte Servietten aus dem Café für die Kühlung der elektrischen Generatoren herhalten.

Vorbilder

*Im Conservatoire des Arts et Métiers
(das war die Kunst- und Gewerbeschule in Paris)
lauschen die Besucher gespannt den Vorträgen.*

Das Science-Museum in London hat alle wichtigen technischen Errungenschaften gesammelt.

Reisen bildet

Mit dem Erfolg der Firma schwindet Millers Interesse an ihr. Er hat die Technik entwickelt und jetzt, da die Arbeit Früchte trägt, strebt er nach Höherem.

Auf seinen früheren Reisen durch Europa hat er voller Bewunderung die ersten großen technischen Museen besucht: das Science-Museum („Wissenschafts-Museum") in London und die Sammlung der Kunst- und Gewerbeschule (des „Conservatoire des Arts et Métiers") in Paris.

Oskar von Miller möchte für Deutschland auch ein technisches Museum. Er will die wichtigen Zeugnisse des Fortschritts bewahren – zum Ruhm der findigen Köpfe und zur Erbauung der späteren Generationen. Aber: Was soll man sammeln? Wo fängt Technik an? Und was ist das überhaupt, Technik? Miller grübelt.

Wunder in der Glasvitrine

17

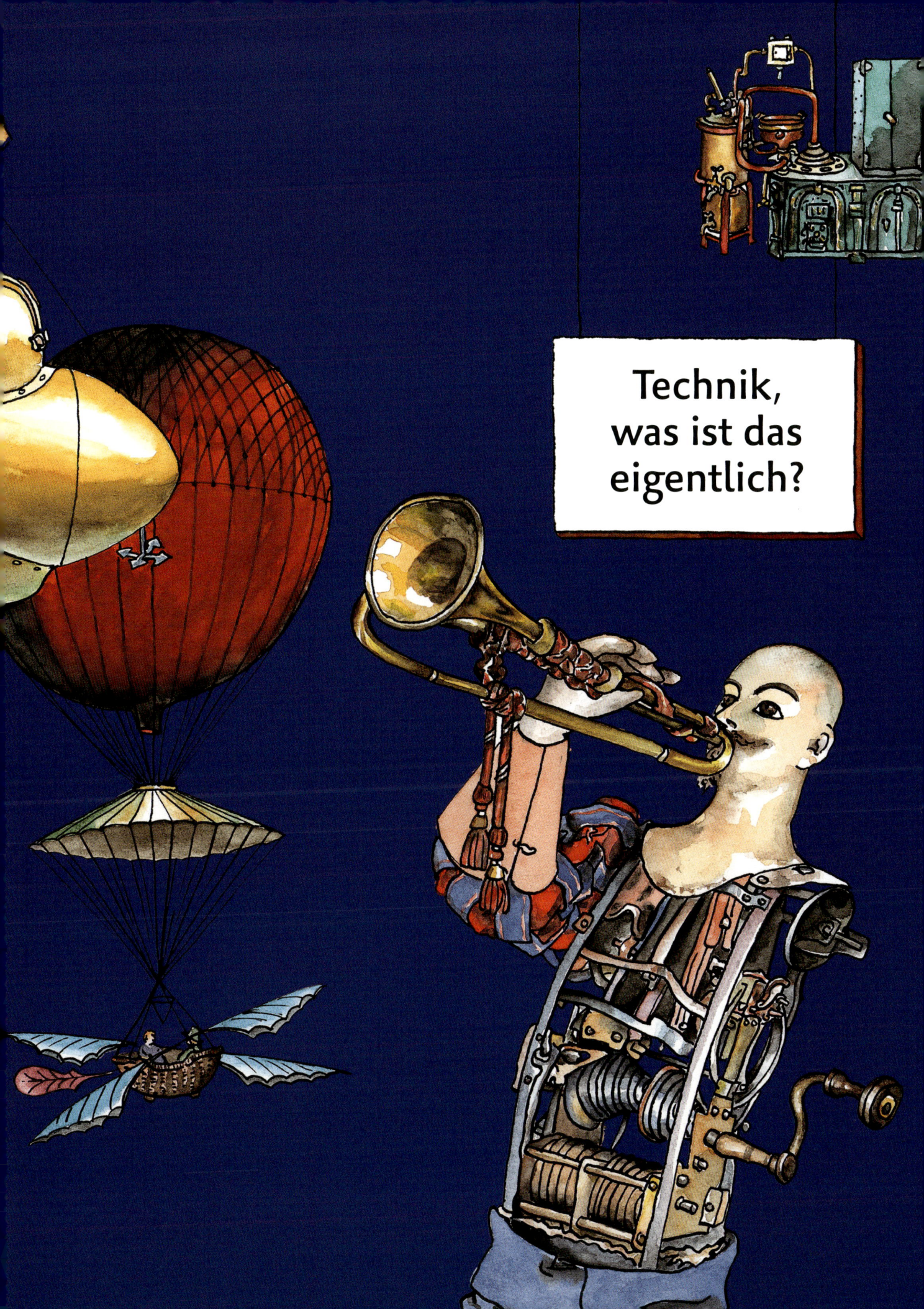

Technik,
was ist das
eigentlich?

Gleich mal die Wohnhöhle
anmalen – die Malerei ist eine
sehr alte Kunst!

Vor 4½ Milliarden Jahren
ist die Erde entstanden.

Vor 500 Millionen Jahren
gab es die ersten Fische.

**Vor 200 Millionen
Jahren** wuchsen die
ersten Nadelbäume.

**Vor 100 Millionen
Jahren** beherrschten
die Saurier die Welt.

Vor 50 Millionen Jahren
gab es die ersten Affen.

Vor 3 Millionen Jahren
lebten die ersten menschen-
ähnlichen Wesen.

**Vor etwa 2½ Millionen
Jahren** begann die Steinzeit
– so alt sind die ersten Steinwerk-
zeuge, die gefunden wurden.

Vor 500 000 Jahren
hat der Urmensch gelernt,
Feuer zu machen.

Vor 300 000 Jahren
lebten die Neandertaler.

Vor 35 000 Jahren
bauten die Menschen
Werkzeug aus Horn und
Knochen; Speer, Pfeil
und Bogen waren ihre
Waffen und sie bemalten
ihre Höhlen.

Vor 10 000 Jahren
wurden die Menschen
sesshaft.

Vor 9000 Jahren entstanden im Zweistromland –
in Mesopotamien – Stadt-
staaten und große Reiche,
zum Beispiel Babylon.

Vor 6000 Jahren
(= 4000 Jahre vor
Christi Geburt) wurde
das Rad entwickelt
und die Schrift bildete
sich heraus. Die Vor-
geschichte endet und
man rechnet in Jahren
von Christi Geburt
vor und zurück.

Vor langer Zeit

Von der Steinzeit zur Antike

2700 bis 2200 v. Chr. werden in Ägypten die Pyramiden gebaut.

Bis 1700 v. Chr. ist die Blütezeit des alten Ägypten.

Um 1360 v. Chr. wird Tutanchamun ägyptischer Pharao.

Um das 9. Jahrhundert v. Chr. gibt es in Griechenland ein Buchstaben-Alphabet.

753 v. Chr. wird (der Sage nach) Rom gegründet.

Um 450 v. Chr. ist die Glanzzeit Athens.

Ab dem 2. Jahrhundert v. Chr. herrscht Rom im gesamten Mittelmeerraum.

284 (oder 274 – wer weiß?) v. Chr. wird Eratosthenes geboren.

50 v. Chr. wird ganz Gallien von den Römern beherrscht. Ganz Gallien? Nein …

27 v. Chr. wird Augustus Kaiser („Cäsar") in Rom, unter seiner Regentschaft wird der Pont du Gard, der Aquädukt über den Fluss Gard in Frankreich, gebaut.

378 siegen die Goten über die Römer.

395 wird das Römische Reich geteilt.

476 endet das Weströmische Reich.

Steinzeit

Die Werkzeugmacher

Seit wann gibt es Technik? Wie ist sie entstanden und was ist das überhaupt, Technik?

Technik ist: Wenn man sich zu helfen weiß. Technik, das sind nützliche Gegenstände, die einem helfen, das Leben angenehmer zu gestalten oder auch die Arbeit zu erleichtern, Technik ist zuallererst: Werkzeug. Das Werkzeug macht den Mensch zum Menschen.

Auch Tiere benutzen Gegenstände als Werkzeug, knacken Nüsse mit Steinen auf, verjagen Feinde mit einem großen Ast. Aber: Sie benutzen die Dinge, die gerade so herumliegen. Nur der Mensch nimmt die Gegenstände der Natur, bewahrt sie auf und verfeinert ihren Gebrauchswert. Er schlägt Steine scharfkantig ab, formt kunstfertig Speerspitzen, nimmt für seinen Faustkeil nur den am besten

Die Wiege der Menschheit liegt in Afrika. Aus den Regenwäldern zogen die Menschen in die Steppen und Savannen. Um weit und über das hohe Gras sehen zu können, mussten die Menschen lernen, aufrecht zu gehen. Im aufrechten Gang hatten sie auch ihre Hände frei: So konnten sie ihre Kinder tragen und Werkzeug und – Waffen.

geeigneten Stein, benutzt auch Holz und das Horn der Tiere.

Das Holz ist heute verrottet und so sind die gehauenen Steine die kantigen Zeugen dieser Zeit – deshalb nennt man diese Zeit Steinzeit. Sie begann vor etwa 2½ Millionen Jahren.

Langsam erkämpfen sich die Menschen die Herrschaft über die Natur. Sie werden schlauer und besiegen die Angst vor dem Feuer.

Vielleicht hat die heiße Lava eines Vulkans einen Brand verursacht, vielleicht war es ein Blitzschlag; die Menschen jedenfalls haben sich das Feuer genommen und es sorgfältig bewahrt. Später haben sie gelernt, wie man selbst ein Feuer entfacht. Mit dem

Feuer in der Hand haben die Menschen die Gewalt über das Tierreich errungen: Sie leben, jagen und arbeiten zusammen und sie reden. Sie tauschen ihre Erfahrungen aus und geben ihr Wissen an die Kinder weiter. Sie machen sich Gedanken und deuten die Welt in Zeichen und Bildern. Sie richten sich ihre Behausungen ein und schmücken die Wände mit farbenprächtigen Bildern.

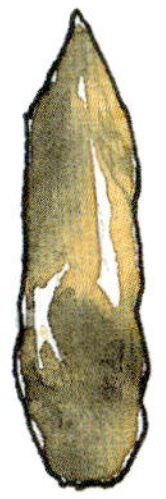

Vor hundert Jahren hat ein Jäger die Höhle von Altamira in Nordspanien gefunden, seine Tochter hat die Tierbilder entdeckt, sie sind – wie auch die Werkzeugfunde – ungefähr 15 000 Jahre alt. Ein Ausschnitt der Höhle ist im Museum nachgebildet.

Stadt und Land

Der Wechsel des Mondes und der Stand der Sonne sind das Maß der Zeit: Tage, Wochen, Monate, von der Saat zur Ernte und von der Ernte zur Saat.

Hier bleiben wir!

Die Menschen der Steinzeit ernähren sich von den Früchten der Natur – Beeren, Nüssen, Körnern und Kräutern. Sie ziehen mit den Herden der wild lebenden Tiere, die sie jagen und erlegen. So lernen sie die Tiere kennen und beginnen, selbst Tiere zu halten: zuerst den Hund, dann Schafe und Ziegen, später das Rind. In den fruchtbaren Flusstälern lassen sie sich nieder, bauen Getreide an und aus den umherziehenden Jägern werden mit der Zeit Hirten und Bauern: Häuser werden gebaut und Städte gegründet, Ton wird gebrannt, Tuch gewoben. In Schriftzeichen und Ziffern werden Zahlen, Mengen und Gedanken festgehalten. Das Leben der Menschen ändert sich von Grund auf: eine Revolution, die erste; sie heißt agrarische (landwirtschaftliche) oder neolithische (neusteinzeitliche) Revolution. Andere folgen.

Wer ein Feld bestellt, muss Unsichtbares messen: die Zeit.

Die Ernte will sicher verwahrt sein.

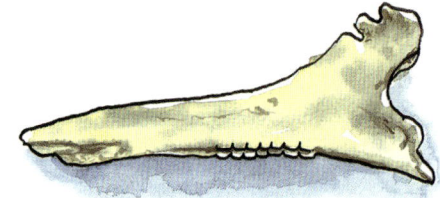

Weil man Zeit nicht sehen kann, hilft ein kleiner Taschenrechner: jeder Tag eine Kerbe.

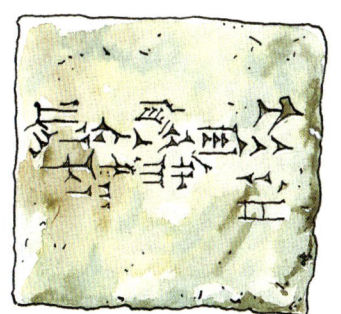

Alles geritzt: erste Schriftzeichen und Ziffern, in weichen Ton geritzt.

Nicht nur des Fleisches wegen werden Tiere gehalten – auch die Wolle ist begehrt, als Rohstoff für den Webstuhl.

Sonne, Mond und Steine!

Die rätselhaften großen Steinblöcke von Stonehenge weisen in ihrer Zahl und Anordnung auf Geschehnisse am Himmel: die Bahn der Sonne, Mondaufgang und -untergang. Was das Steindenkmal wirklich bedeutet, weiß aber niemand. Sicher ist nur, dass der 78 Meter entfernte Fersenstein genau auf die Stelle am Horizont weist, an der vor 4000 Jahren zur Sommersonnwende – am längsten Tag im Jahr – die Sonne aufgegangen ist.

Aus groben Holzrollen, auf denen man schwere Sachen leichter schieben konnte, wurde das Rad entwickelt.

In Süden von England liegt der geheimnisvolle Steinkreis von Stonehenge.

Ägypten

*Vom Hochland Äthiopiens
zieht sich der Nil durch die
Steppen des Sudans und die
sengende Hitze der Sahara bis
hin zur Mündung
im Mittelmeer: An seinem
Unterlauf liegt Ägypten.*

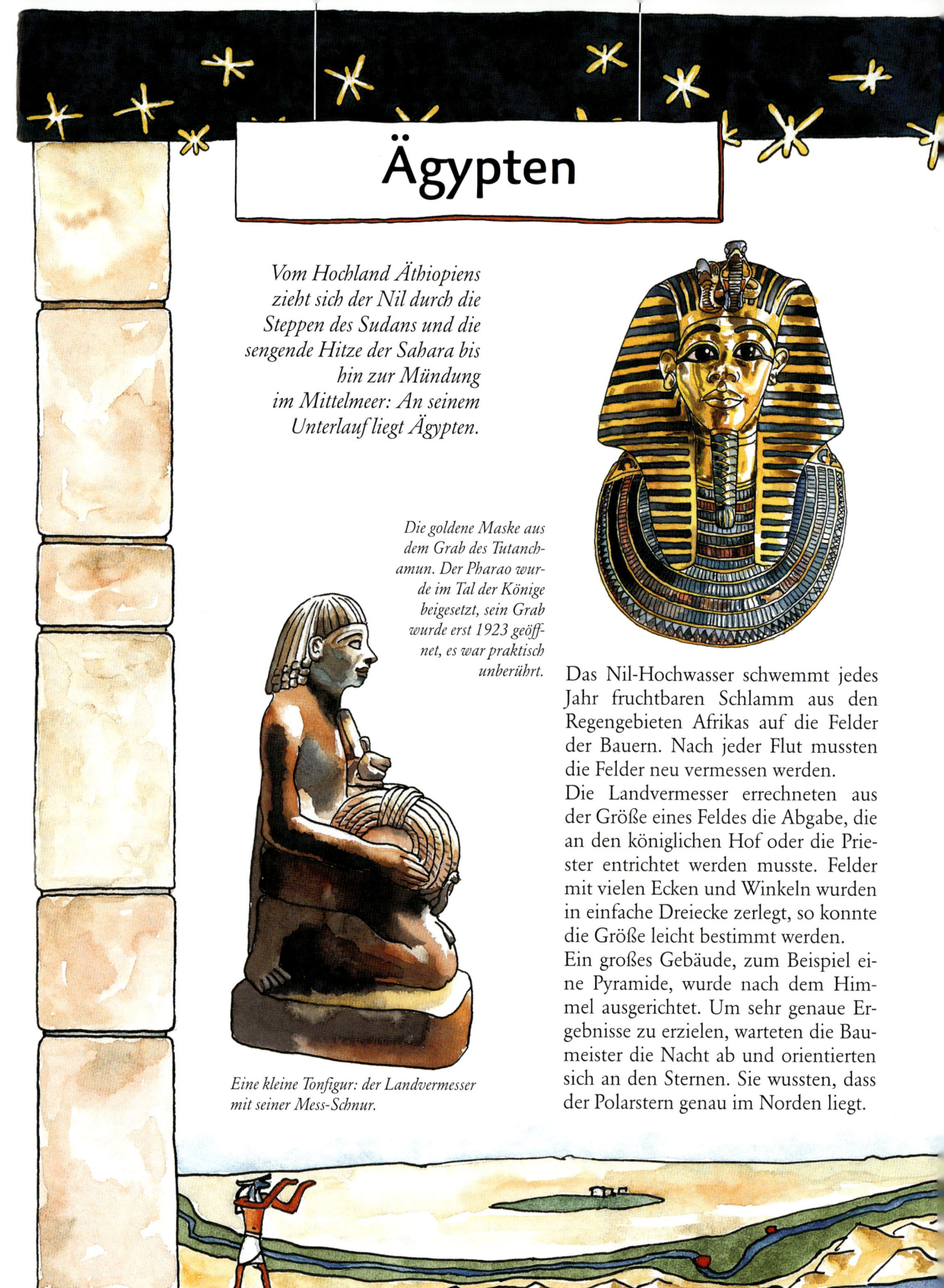

*Die goldene Maske aus
dem Grab des Tutanch-
amun. Der Pharao wur-
de im Tal der Könige
beigesetzt, sein Grab
wurde erst 1923 geöff-
net, es war praktisch
unberührt.*

*Eine kleine Tonfigur: der Landvermesser
mit seiner Mess-Schnur.*

Das Nil-Hochwasser schwemmt jedes
Jahr fruchtbaren Schlamm aus den
Regengebieten Afrikas auf die Felder
der Bauern. Nach jeder Flut mussten
die Felder neu vermessen werden.

Die Landvermesser errechneten aus
der Größe eines Feldes die Abgabe, die
an den königlichen Hof oder die Priester entrichtet werden musste. Felder
mit vielen Ecken und Winkeln wurden
in einfache Dreiecke zerlegt, so konnte
die Größe leicht bestimmt werden.

Ein großes Gebäude, zum Beispiel eine Pyramide, wurde nach dem Himmel ausgerichtet. Um sehr genaue Ergebnisse zu erzielen, warteten die Bau-
meister die Nacht ab und orientierten
sich an den Sternen. Sie wussten, dass
der Polarstern genau im Norden liegt.

Die Ägypter waren geschickte Handwerker. Sie konnten Glas herstellen und goldenen Schmuck, Werkzeug und Waffen aus Stein und verschiedenen Metallen, sie bauten Möbel und Schiffe, Musikinstrumente und fertigten raffinierte Kleiderstoffe. Getreide wurde zu Brot verarbeitet, aus dem in einem weiteren Arbeitsgang Bier hergestellt werden konnte, deswegen liegt gleich neben der Bäckerei (hinten) die Brauerei (vorne). Was aus dem Getreide gemacht wurde, war für die Ägypter dasselbe: Es gab in ihrer Sprache nur ein Wort für Brot und Bier.

Die kleinen Vasen, Perlen und Figuren der ägyptischen Glasmacher waren farbig, und nicht – wie Glas heute – durchsichtig.

Den Stein von Rosette haben Soldaten Napoleons vor 200 Jahren gefunden. So konnte die Schrift der Ägypter – die „Hieroglyphen" – entziffert werden. Der Text, der auf dem Stein steht, ist nämlich auch in Griechisch eingemeißelt und Griechisch versteht man ja gut.

Die Griechen

Mit ihren Trieren befuhren die Griechen die Meere der alten Welt.

Die Liebe zur Geometrie ...

Die Griechen sind seit alters her ein Volk von Seefahrern. An den Küsten der Ägäis, auf über hundert Inseln beheimatet, sind sie mit dem Meer bestens vertraut. Der Handel und die Kriegsschiffe machten sie reich und öffneten ihnen fremde Länder und den Erfahrungsschatz von deren Kulturen. Weil Sklaven die notwendigen Arbeiten ausführten, hatten die vornehmen Herren Zeit und Muße für wissenschaftliches Grübeln und allerlei akrobatische Gedankenspiele über Götter und die Welt. Und über die Geometrie.

Beim Zeus, da sind schon kluge Köpfe am Werk!

Wie groß ist zum Beispiel die Welt? Dass sie eine Kugel ist, wussten die Griechen. Als Seefahrer verfolgten sie den unterschiedlichen Stand der Gestirne oder das Auftauchen anderer Schiffe und Küsten am Horizont. Aber: Wie groß ist sie dann, die Kugel? Die Lösung ist einfacher, als man denkt.

Metalle gießen und schmieden gehört zu den ältesten Techniken. Die Totenmaske ist aus purem Gold. Sie wurde in Mykene in Griechenland gefunden und ist über 3000 Jahre alt.

Für Wasser, Wein und alles, was in große Krüge passt: Keramik aus der antiken Welt.

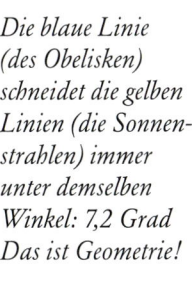

Die blaue Linie (des Obelisken) schneidet die gelben Linien (die Sonnenstrahlen) immer unter demselben Winkel: 7,2 Grad Das ist Geometrie!

Dieser rote Winkel ist genauso groß wie der rote Winkel am Erdmittelpunkt: 7,2 Grad.

Sonnenstrahl

Sonnenstrahlen treffen parallel auf die Erde, das heißt, sie haben – wie Eisenbahnschienen – immer denselben Abstand zueinander.

Höhe des Obelisken ist bekannt.

Rechter Winkel (90 Grad) ist bekannt.

Die Länge des Schattens kann man messen.

Wenn sich die Sonne in einem sehr tiefen Brunnen auf der Wasseroberfläche spiegelt, dann muss sie senkrecht über dem Brunnen stehen. Würde man gaaaaanz tief weitergraben, käme man genau zum Erdmittelpunkt!

... und die Berechnung des Erdumfangs

In Alexandria, im Norden Ägyptens, lebte einst Eratosthenes, ein griechischer Philosoph. Er hat vor 2000 Jahren den Umfang der Erde berechnet, ziemlich genau und mit einfachsten Mitteln – eigentlich nur mit seinem Kopf und ein bisschen Geometrie:

Im tiefen Süden Ägyptens, weit weg von Alexandria, liegt die Elefanteninsel. Dort spiegelt sich zur Sommersonnwende die Sonne in einem sehr tiefen Brunnen. Wenn dem so ist – dachte Eratosthenes – dann muss die Sonne wohl senkrecht über dem Brunnen stehen. Zu gleicher Stunde – das wusste Eratosthenes – wirft der Obelisk in Alexandria einen Schatten und man kann das Dreieck, das der Obelisk, der Schatten und der Sonnenstrahl bilden, leicht berechnen. Der spitze Winkel oben am Obelisk (in unserer Zeichnung rot) ist 7,2 Grad und er ist genauso groß wie der Winkel am Erdmittelpunkt, den der Brunnenstrahl (bei uns gelb) und die verlängerte Obelisklinie (blau) miteinander schließen: ebenfalls rot, ebenfalls 7,2 Grad. Weil die Entfernung Alexandria – Elefanteninsel bekannt war (5000 Stadien), kann man ganz leicht von diesem Kreisausschnitt auf den ganzen Kreis schließen:

7,2 Grad entspricht 5000 Stadien, dann entsprechen 360 Grad – so viel hat ein Kreis – 250 000 Stadien. Es ist wie bei einer Torte: Wenn man ein Stück sieht, kann man sich schon denken, wie groß die Torte war.

Später hat sich jemand mit dieser Rechnung auf den Weg gemacht, um die Welt zu umrunden. Das Ein-

zige, was er nicht wusste: Wie groß war ein griechisches Stadion? Die Sache ging trotzdem gut aus.

Die Entfernung von der Insel nach Alexandria beträgt in heutigen Maßeinheiten 750 Kilometer. Eratosthenes hat also ei-

nen Erdumfang von 37 500 Kilometern errechnet. Tatsächlich beträgt der Umfang 40 009 Kilometer – da war der alte Grieche schon ganz schön nah dran.

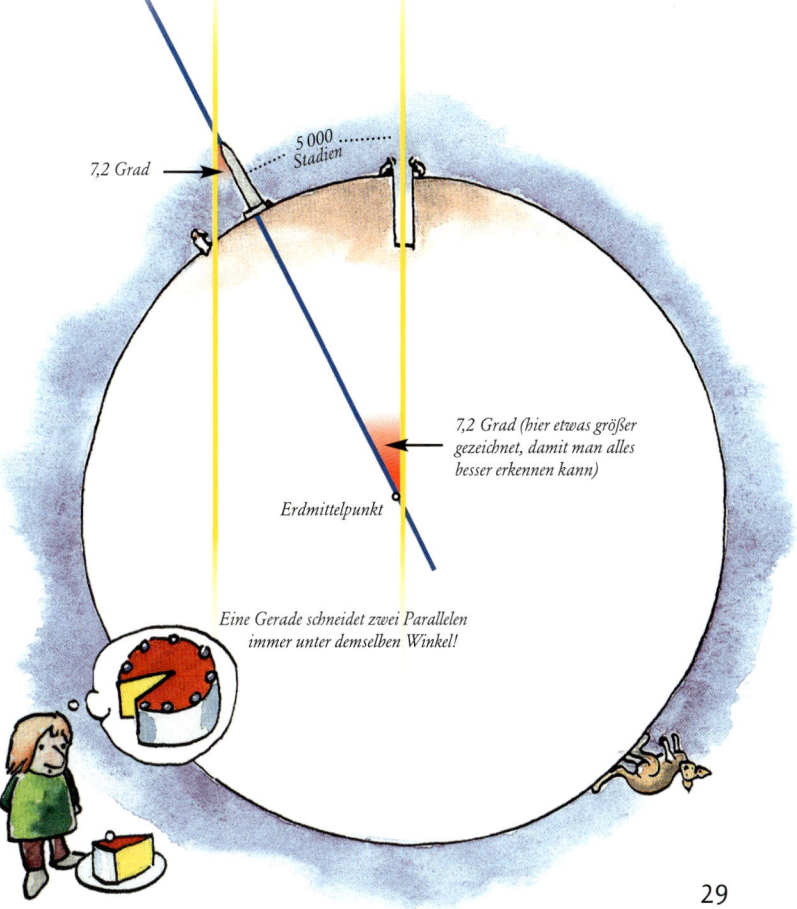

7,2 Grad

5 000 Stadien

7,2 Grad (hier etwas größer gezeichnet, damit man alles besser erkennen kann)

Erdmittelpunkt

Eine Gerade schneidet zwei Parallelen immer unter demselben Winkel!

29

Die Römer

*Im „falschen Gewölbe"
ragen die Steine immer
weiter in die Mitte, bis sie
oben aneinander stoßen.*

Gerade Straßen, runde Bögen

An wissenschaftlichen Erklärungen oder verzwickten Spielereien waren die Römer nicht interessiert. In ihrem Weltreich brauchten sie feste Straßen und Brücken für die Händler und die Soldaten. Und für die Wasserleitungen, die „Aquädukte", denn Römer baden gerne und brauchen deshalb viel frisches Wasser.

Von den Etruskern – die lange vorher in Italien lebten – lernten die Römer den Bogen- und Gewölbebau. Die Steine werden so aneinander gelegt, dass sie sich alle gegenseitig stützen und im Halbkreis über den Abgrund führen. Damit konnten Flüsse von bis zu 20 Metern Breite überspannt werden. Wenn das nicht reichte, wurde ein zweiter Bogen daneben gesetzt. Und dann noch einer und noch einer … Und wenn's zu niedrig war, wurde noch eine Reihe Bögen draufgesetzt, und dann vielleicht noch eine …

*Beim „echten Gewölbe" wird zuerst ein Gerüst
gebaut, auf das die Steine gelegt werden. Sie
sind zur Mitte hin schmaler als an der Bogen-
außenseite, so dass sie einen Halbkreis bilden.
Der ganze Druck ruht auf dem Mittelstein, er
hält alles zusammen. Wenn der Bogen fertig
ist, halten die Steine sogar ohne Mörtel.*

Hier wirken Rad und Hebel zusammen –
und gleich wird die Arbeit leichter!

529 gründet Benedikt von
Nursia im Kloster Monte
Cassino das abendländische
Mönchstum.

732 dringen die Araber
bis nach Frankreich vor.

800 Karl der
Große wird zum
Kaiser gekrönt.

9. bis 11. Jahrhundert neues Pferde-
geschirr, Sattel und Hufeisen. Wasser-
und Windmühle breiten sich aus.

1099 wird Jerusalem beim
ersten Kreuzzug erobert.

1146 Steinbrücke über die
Donau in Regensburg

1155 Kaiserkrönung Barbarossas

1158 Gründung Münchens

12. und 13. Jahrhun-
dert Glanzzeit der
Ritter, in China gibt es
Bomben mit Schieß-
pulver, in Europa das
Handspinnrad und die
Brille, Uhren werden
gebaut.

Um 1320 fahren in
Europa die ersten
Schießpulvergeschütze
auf.

1348 Von den Hafen-
städten am Mittelmeer
breitet sich die Pest in
Europa aus. Ein Drittel
der Bevölkerung stirbt
den „Schwarzen Tod".

1389 ist die
erste Papiermühle
in Nürnberg
beurkundet.

Mit Gott zu neuen Ufern!

Vom Mittelalter zur Neuzeit

1445 entwickelt Gutenberg den Buchdruck.

1492 baut Behaim den ersten Globus der Erde.

1492 entdeckt Christoph Kolumbus Amerika.

Um 1503 malt Leonardo da Vinci die Mona Lisa.

1517 schlägt Luther seine Thesen an die Kirchentüre zu Wittenberg.

1609 untersucht Galilei die Pendelschwingung und den freien Fall; **1633** wird er vor das Inquisitionstribunal gestellt.

1648 endet der Dreißigjährige Krieg.

1654 zeigt Guericke in Regensburg mit seinen zwei Halbkugeln und 16 Pferden den Vakuum-Versuch.

1661 besteigt Ludwig XIV. den Königsthron von Frankreich.

1708 ist das Schloss in Versailles fertig gebaut.

1776 erklären die englischen Kolonien in Amerika ihre Unabhängigkeit von England.

1783 beginnt mit dem Ballonaufstieg der Gebrüder Montgolfier die Luftfahrt.

Das Mittelalter

Ora et labora

Mit dem Untergang des römischen Weltreiches gingen das Wissen und technische Geschick der antiken Welt fürs Erste verloren. In Europas Mitte kämpfen Kaiser und Kirche um Macht und Einfluss, und mit ihnen Bauern gegen Ritter, Städter gegen Fürsten, und alle gegen die Sünde, die in uns steckt, und für die christliche Erleuchtung. Das geht nicht ohne Grobheit ab. Zustände wie im Mittelalter.

Nur in der Abgeschiedenheit der Klöster werden Wissenschaft und Kunstfertigkeit gepflegt. „Bete und arbeite" – lateinisch „ora et labora" –, das ist Leitspruch und Leben der Mönche. Obwohl Benediktus, der Erfinder des enthaltsamen und abgeschiedenen Lebens, Müßiggang für den Feind der Seele hält, trachtet mancher Mönch danach, die Arbeit angenehm und rentabel zu gestalten. Verbesserungen in der Glas- und Eisenherstellung und die Entwicklung der Wassermühlen sind Ergebnisse klösterlicher Kunstfertigkeit. Die Zeugnisse der Baukunst kann man heute noch bewundern, und mancher Zecher genießt im „Klosterstüberl" die Tradition christlicher Braukunst.

Malen mit Licht: Die großen Kirchen des Mittelalters, die Kathedralen, waren Meisterwerke der Baukunst. Vollendet wurde ihre Schönheit mit den bunten Glasfenstern: Die Glasmalerei wurde um 890 entwickelt. Das Fenster hier ist aus dem Augsburger Dom und zeigt König David aus der Bibel.

In den klösterlichen Schreibstuben wurden die alten Vorlagen sorgfältig kopiert. Es gab keine Druckmaschinen und so musste alles mit der Hand geschrieben werden. Zum Schluss wurden die Buchseiten kunstvoll verziert.

Der Glaube versetzt Berge und Ritter nach Jerusalem: Mit solchen Schiffen nahm König Richard Löwenherz am Kreuzzug teil.

*Auf dem Bock wird die Windmühle in den Wind gedreht,
die Wassermühle ist noch aus römischer Zeit bekannt.
Verbesserungen in Landwirtschaft und Technik erleichtern
die Arbeit und steigern die Lebensmittelproduktion.*

Es klappert am Bach

In der Mühle ersetzen Wasserkraft und
Wind die kräftezehrende Arbeit von
Mensch und Tier – der Mühlstein
dreht sich wie von selbst. So wird das
Korn gemahlen, aber auch Holz gesägt
und das glühende Eisen geschmiedet.
Eisen ist selten im Mittelalter und auch
teuer. Die Herren hoch zu Ross brauchen es für Rüstung, Waffen und Steig-
bügel; die Bauern brauchen es für die
eiserne Pflugschar – sie ist neu und
gräbt sich besser als die hölzerne ins
Erdreich. Und Hufeisen braucht das
Pferd. Es zieht den Pflug mit dem neu-
en Kummet: Kein Halsgurt schneidet
mehr die Luft ab, das Kummet liegt auf
den Schultern und die Feldarbeit geht
flott voran. Wer sauber pflügt, kann
auch viel ernten – die Sense erleichtert
jetzt die Mahd und ersetzt die kleine
Sichel. Das Korn wandert in die Mühle, das Stroh aufs Dach und – ins Bett.

Spinnrad und Fahrrad

Im Mittelalter taucht das Spinnrad auf:
Mehr Wolle kann schneller zu Fäden
versponnen werden. Das Spinnrad
wird mit einem Pedal angetrieben: Das
Auf und Ab der Fußspitze hält über
eine kleine Kurbel das Spinnrad in
Schwung – aus der Hin- und Herbewe-
gung wird eine dauerhafte Kreisbewegung. Das ist wichtig. Für später. Für
die Dampfmaschine. Für den Automo-
tor und seine Kurbelwelle. Und – für
dein Fahrrad.

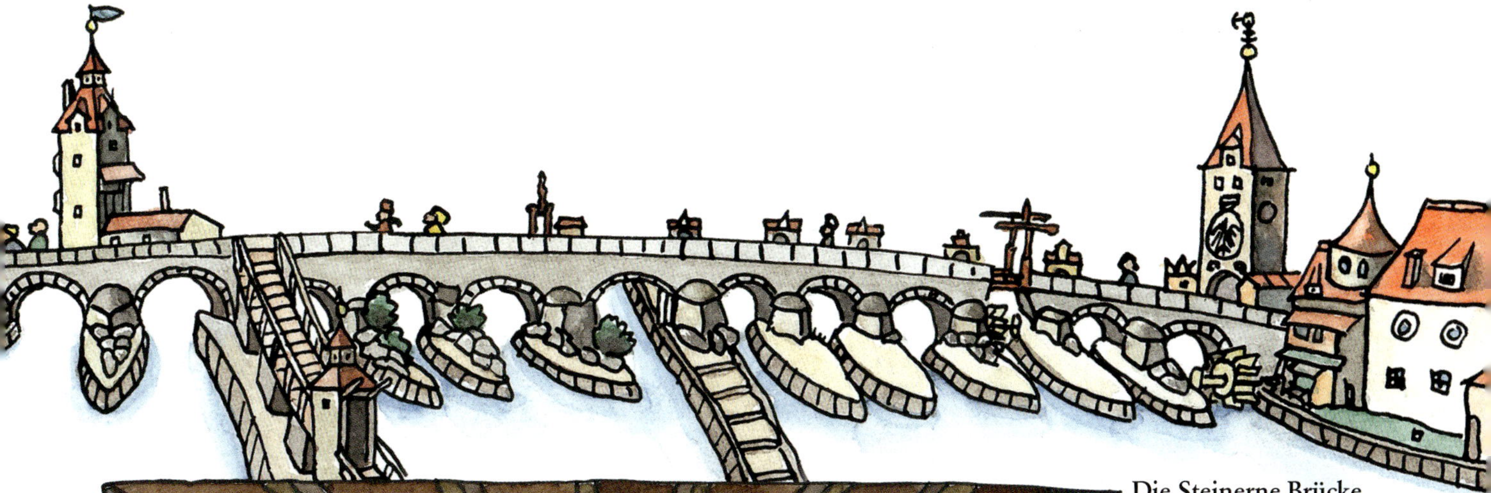

Die Steinerne Brücke in Regensburg

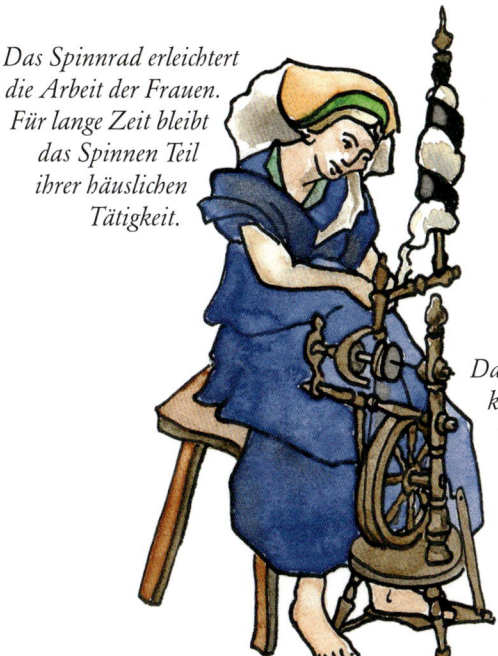

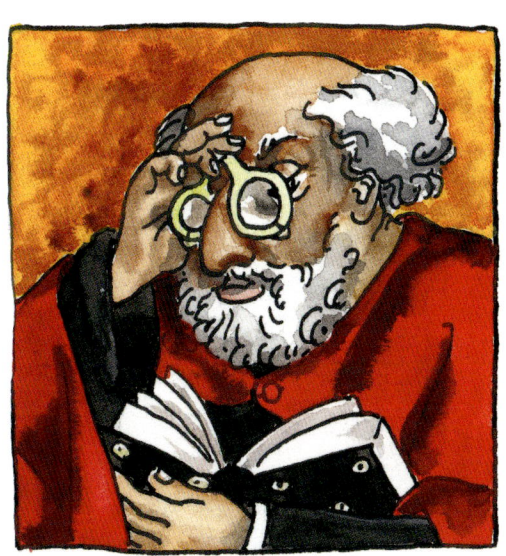

Das Gewölbe weiß man wohl noch wie die alten Römer zu bauen, aber die Fundamente bereiten Schwierigkeiten, sie sind sehr breit und nehmen deshalb dem Wasser Platz zum ruhigen Durchfließen. So wird der Fluss unter der Brücke ganz schön schnell.

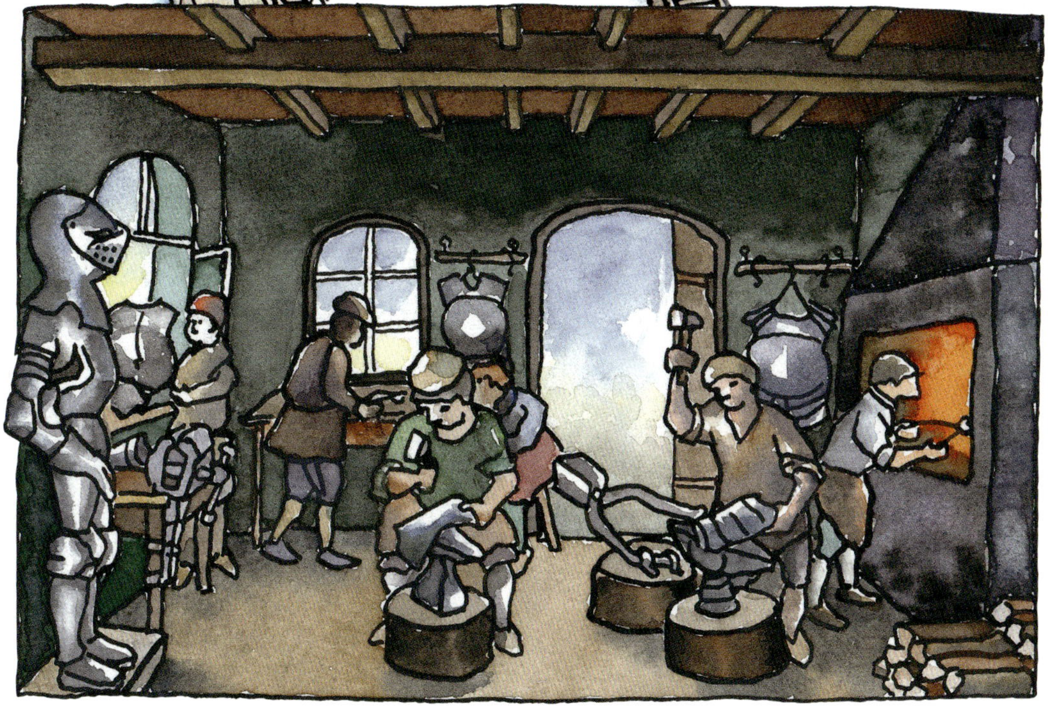

In den aufblühenden Städten des Mittelalters sorgen Handwerk und Handel für den Wohlstand der Bürger. Der Blick in die Werkstatt zeigt, wie die Rüstungen der Rittern geschmiedet, vernietet und anschließend durch das Fenster verkauft werden.

Bald gibts viel zu lesen, da kommt die Brille gerade zur rechten Zeit.

Das Spinnrad erleichtert die Arbeit der Frauen. Für lange Zeit bleibt das Spinnen Teil ihrer häuslichen Tätigkeit.

Das Pedal treibt die kleine Kurbel an; so wird aus dem Auf und Ab der Fußspitze die Kreisbewegung des Rades.

Die Buchstaben werden in die Matritze geschlagen …

Henne Gensfleisch
zur Laden, genannt
Johannes Gutenberg

Für die Lettern – die Buchstaben – wird Gießwerkzeug mit Blei ausgegossen …

… das am Ofen bei 240 Grad geschmolzen wird.

Im Setzkasten haben alle Typen – Buchstaben, Satzzeichen, Ziffern und Leerzeichen – ein eigenes Fach.

Schwarze Kunst

Schriftstempel
Matritze
Letter
Druck

Mehr als das Blei in der Flinte hat das Blei im Setzkasten die ganze Welt verändert, sagt man. Heute liegen die Setzkästen auf den Flohmärkten herum und du kannst sie dir ins Zimmer hängen und kleine Figuren, Krimskrams und deinen letzten Milchzahn ausstellen, der Bleisatz hat ausgedient. 500 Jahre lang wurde alles Wissen der Welt, religiöse Erbauung, das Neueste vom Tage, flammende Appelle, Formulare, verschrobene Gedichte und sonst allerlei Unfug oder Wichtiges in Blei gesetzt und unter die Leute gebracht.

Johannes Gutenberg hat die „schwarze Kunst", den Buchdruck, erfunden. Dazu hat er ein paar wichtige Kunstfertigkeiten seiner Zeit – die Schreibkunst, das Metallgießen und die Papierherstellung – zusammengeführt und die Traubenpresse der Weinbauern dazugenommen. Er hat sich das Ganze gut überlegt – zum Beispiel, welcher Ruß besonders schwarz ist – und schließlich einen Arbeitsprozess entwickelt, an dessen Ende die Leute flink und billig zu sehr viel Lesestoff gekommen sind. Und mit den neuen Ideen aus den Druckwerken haben sie fast die Welt aus den Angeln gehoben: Das erste Buch erscheint in einer Auflage von 180 Stück: die 42-zeilige Bibel. Jede Seite hat zwei Satzblöcke à 42 Zeilen. Von Luther ins Deutsche übersetzt, wird die Bibel zum schlagkräftigen Argument gegen Papst und Kirche und deren Sicht der Dinge.

Mit zwei Lederballen
wird die Farbe auf
den Satz – die Blei-
lettern – aufgetragen.
Dann wird das an-
gefeuchtete Papier
daraufgeklappt und
beides in die Presse
geschoben. Wie die
42-zeilige Bibel (links)
sind so jahrhunderte-
lang unsere Bücher
entstanden. Heute
wird vieles am
Computer erledigt –
sogar so schöne Orna-
mente wie die hier
nebenan werden am
Bildschirm gezeichnet.

Zum Schluss wird das Papier in der Presse
mit einem kurzen Ruck fest gegen die schwarz
eingefärbten Lettern gedrückt – Druckkunst.

Aufmüpfige Gedanken und unver-
söhnliche Gegenschriften werden in
den neu entstandenen Druckereien in
rasender Geschwindigkeit vervielfältigt
und bringen die Leute in den entlegensten Teilen des Landes in Auf-
ruhr. Das Ende der christlichen Kirche
scheint manchem nahe und eine neue
Zeit beginnt …

Wie neu geboren

Mit den Arabern gelangte das Wissen
der antiken Welt nach Europa zurück.
Die Wiederentdeckung und das neue
Interesse an dieser versunkenen Welt
nennen wir Renaissance (französisch
für „Wiedergeburt“).
1492 entwarf Martin Behaim in Nürnberg den ersten Globus. Man sieht
die drei Erdteile Europa, Asien und
Afrika. Im Westen von Europa
liegt das Ozeanische Meer. Über-
quert man das Meer, gelangt man
an die Rückseite Asiens, Cipango –
Japan. Da kann man auf Ideen
kommen …

Noch ohne Amerika:
Behaims Globus

Die Neuzeit

*Von Indern,
Indianern und
Westindischen
Inseln*

Ein Seeweg nach Indien?

Mit 3 Schiffen und 90 Mann bricht Christoph Kolumbus, Kapitän aus Genua in Diensten des spanischen Königspaares, auf zur Reise ins Unbekannte. Das Flaggschiff – die Santa María – die kleinere Pinta und die Niña haben Vorräte an Bord, billige Tauschwaren und ein Empfehlungsschreiben an den Kaiser von China. Auf den Kanarischen Inseln werden nochmals Holz und Wasser an Bord genommen und dann gehts auf nach Westen, China, Indien – oder an den Rand der Welt? Die Mannschaft war sich da nicht so sicher.

Kolumbus hatte zwar recht, aber auch viel Glück, er hat sich nämlich gründlich verschätzt und hielt die Erde für viel kleiner, als sie in Wirklichkeit ist. Er wäre niemals angekommen, gäbe es nicht – Amerika. Als er am 12. Oktober 1492 an Land geht, glaubt er in Indien zu sein und lässt Zeit seines Lebens nicht von dieser Meinung ab. Die Inseln in der Karibik heißen immer noch Westindische Inseln und die Indianer heißen auf Spanisch wie die Inder: indios.

Es folgen andere Seefahrer, glühende Missionare und grausame Eroberer. Die Welt wird umrundet und das Weltbild gründlich geändert, die Erde ist jetzt zweifelsfrei eine Kugel. Nur: Was ist mit der Kugel? Dreht sich alles um die Kugel oder dreht sie sich gar selbst?

Das Experiment

Leonardo da Vinci
1452–1519
*Ingenieur, Naturwissenschaftler,
Forscher, Maler und Genie*

Galileo Galilei
1564–1642
*Naturwissenschaftler,
Forscher und Ketzer*

Otto von Guericke
1602–1686
*Physiker und Bürgermeister
zu Magdeburg*

*Versuchsweise
werden Mensch
und Natur
erforscht
und alte
Vorstellungen
zu den Akten
gelegt.*

Bewegung kommt ins Spiel

In Italien wetteifern reiche Fürsten und mächtige Kaufleute um Glanz, Macht und Ruhm. Sie heuern begabte Ingenieure und Künstler an, die ihnen große Standbilder, Kirchenkuppeln oder ein gepflegtes Waffenarsenal versprechen.

Auch Leonardo da Vinci will seine Ideen an den Mann bringen. Er ist Ingenieur, Wissenschaftler und Künstler gleichzeitig, malt das geheimnisvollste Lächeln, nämlich das der Mona Lisa, seziert Leichen, entwirft Hubschrauber, Maschinengewehre und immer wieder Pläne für das „sich ständig Bewegende", das Perpetuum Mobile. Ein „discipolo della sperienza", ein Schüler der Erfahrung, ist er, skizziert seine Beobachtungen und kann doch keines seiner kühnen technischen Planspiele in die Tat umsetzen.

Kraft und Bewegung haben Gesetze, Regeln, geben Rätsel auf: Wie fliegt die Kanonenkugel, wie fällt die Feder, wie der Stein? Galileo Galilei, Mathematik-Professor in Padua, untersucht den freien Fall, stellt Vergleiche an, prüft die Pendelschwingung, denkt nach, experimentiert und studiert, da taucht um 1609 das Fernrohr auf – jetzt gerät der Himmel ins Visier …

*Späte Einsicht Leonardos:
„O Erforscher der beständigen
Bewegung, wie viele Hirngespinste
habt ihr geschaffen bei dieser
Suche! Gesellt euch lieber zu den
Goldmachern!"Auch das Perpetuum Mobile, in dessen Messingkammern Quecksilber nach innen
und wieder nach außen fließen
sollte, kann nicht funktionieren.*

42

Das Studierzimmer Galileis mit der schiefen Bahn für die Fallversuche

Galilei macht gewaltige astronomische Entdeckungen: Er erkennt die Milchstraße als riesige Sternansammlung, entdeckt die Berge auf dem Mond, findet die ersten Jupitermonde und schließt sich aufgrund seiner Beobachtungen der damals gewagten Auffassung an, dass nicht die Sonne mit allen Himmelskörpern sich um die Erde dreht, sondern – umgekehrt – die Erde sich um die Sonne dreht. Das war der Kirche dann doch zuviel, sie zerrt ihn vor ein Inquisitionstribunal und Galilei widerruft die Lehre von der Erdbewegung. So bleibt zwischen Glauben und Wissenschaft die Wahrheit auch mal auf der Strecke.

Die Lehre von der Leere

Auch die Leere – ein Vakuum – konnte aus christlicher Sicht einfach nicht sein, denn wo nichts ist, ist auch kein Gott, und Gott ist ja überall.

Otto von Guericke nannte die Sache dann vorsichtshalber „den leeren Raum" und bewies mit der Kraft von 16 Pferden, dass einerseits das Nichts– das Vakuum – möglich ist, und dass andererseits der Luftdruck gegen das Vakuum eine Kraft entwickelt, mit der man etwas anstellen kann: zum Beispiel eine Dampfmaschine …

Guericke in Magdeburg: Weil innen keine Luft mehr ist, drückt die Luft von außen die beiden Halbkugeln ohne Widerstand zusammen. Da helfen auch 16 Pferde nicht.

Da staunt der Franzmann und der König wundert sich.

Luxus und Macht

Ein erhebendes Gefühl

Vor den Augen Seiner Majestät König Ludwigs XVI. von Frankreich und 130 000 applaudierender Zuschauer erhebt sich am 21. November 1783 der Mensch – besser gesagt zwei Menschen – mit einem riesigen, bunt bemalten, kugelförmigen Papiermonstrum in den Himmel. Probeweise waren schon mal ein Gockel, ein Schaf und eine Ente vorausgeschickt worden. Mit beißendem Qualm läuten die Gebrüder Montgolfier das Zeitalter der Luftfahrt ein und ganz Paris steht Kopf, während die Bauern schon mal mit Mistgabeln gegen so ein stinkendes Monstrum vorgehen.

Beim Adel sind physikalische Vorführungen beliebt: In prunkvollen Schlössern staunt man über Elektrisiermaschinen und zuckende Froschschenkel und bei Tisch unterhalten

Jackman in London hat 1765 diesen Tretwagen mit raffiniertem Hinterradantrieb gebaut. Die feine bayerische Gesellschaft fuhr damit im Nymphenburger Schlosspark herum. Oder vielmehr: Ließ sich fahren.

*Der Spiegelsaal der Amalienburg im Nymphen-
burger Schlosspark in München (oben). Für die
Herstellung der prachtvollen Spiegel wird Glas mit*
*Quecksilber beschichtet. Das kostet. Auch die
Gesundheit der Frauen und Männer in der
Spiegelfabrik (unten).*

sich die Damen über atmosphärische
Luft und brennbare Gase. Reichtum
wird eitel und selbstbewusst zur Schau
gestellt und in verspiegelten Gemä-
chern kann man die eigene Schönheit
von vorne und hinten bewundern.
Durchlaucht ist nicht gut zu Fuß und
so lässt man sich gerne von der Die-
nerschar durch die Gegend fahren. Das
schont Nerven, Kraft und Schuhwerk.
Der französische Hof ist Vorbild. Große und kleine Herrscher wollen leben
wie der König in Frankreich, wollen
lichtdurchflutete Schlösser, goldene
Kutschen und feines Porzellan. So
amüsieren sich auf dem Kontinent
edle Damen und hohe Herren über
mechanische Automaten und schrulli-
ge Experimente, während im Westen,
in England, ernst gemacht wird mit
Technik und Wissenschaft …

Sehr schick, das erste Auto –
hoffentlich regnet es nicht!

1627 wird im Bergbau das erste
Mal gesprengt.

1690 entwickelt Papin eine
einfache Dampfmaschine.

1712 gibt es New-
comens brauchbare
Dampfmaschine.

1735 kocht A. Darby
Roheisen mit Stein-
kohlen-Koks.

1769 setzt Cugnot seinen Dampfwagen an die Wand.

1779 ist die Iron-Bridge, die Eiserne
Brücke, in Coalbrookdale fertig.

1788 baut James Watt die erste
Dampfmaschine, die wirklich gut
funktioniert.

1813 stellt Freiherr von Drais
seine ersten Räder vor.

1814 wird die „Puffing
Billy" aufs Gleis gesetzt.

1829 gewinnt die
„Rocket" das Lokomo-
tiv-Rennen von Rainhill.

1835 wird die erste
deutsche Eisenbahn-
strecke zwischen
Nürnberg und Fürth
eröffnet.

1841 wird in Berlin
die erste deutsche
Lokomotive gebaut.

1876 baut Nikolaus
Otto den ersten Vier-
taktmotor.

1879 fährt in
Berlin die
erste elektrische
Lokomotive.

Materie, Maschinen, Meilen

Die industrielle Revolution und ihre Siebenmeilenstiefel

1886 läutet Karl Benz mit seinem Motorwagen das automobile Zeitalter ein.

1892 erhält Rudolf Diesel ein Patent auf seinen Selbstzündermotor, den „Dieselmotor".

1895 fahren in den USA elektrische Lokomotiven.

1900 geht der erste Zeppelin auf Jungfernfahrt.

1901 kommt der erste Mercedes auf den Markt.

1903 starten die Gebrüder Wright zum ersten Motorflug.

1910 beginnt in Schleißheim der Flugbetrieb.

1913 führt Ford die Fließbandarbeit ein.

1939 fliegt das erste Flugzeug mit Luftstrahltriebwerk.

1955 läuft der einmillionste VW-Käfer vom Band.

1977 geht in Deutschland die Ära der Dampflokomotiven zu Ende.

1985 wird in Europa der Katalysator für Kraftfahrzeuge eingeführt.

1990 gibt es den ersten Serien-PKW mit ab Werk eingebautem GPS-Navigationssystem, den Mazda Eunos Cosmo.

2016 werden selbstfahrende Autos im Straßenverkehr getestet.

Kohle und Stahl

Das Innere der Erde

Nichts ist mehr wie es war: die industrielle Revolution

Von jeher war Holz das wichtigste Material für die Menschen. Alles – fast alles – wurde aus Holz gefertigt: Betten, Schiffe, Bier- und Weinfässer, Badezuber, Werkzeug, Karren und Schuhe, Särge, Grabkreuze und Kruzifixe. Die Häuser waren – zum Großteil – aus Holz gebaut, drinnen wurde auf Holzfeuern gekocht und im Winter mit Holz der Ofen eingeschürt.

Auch die Handwerker brauchten viel Brennmaterial: Die Bäcker und die Bierbrauer, dazu die Gerber, und das besonders gute Holz ging zu den Geigenbauern. Im Bergbau wurden die Stollen mit Holzbalken abgesichert und in den Glas- und Eisenhütten wanderten Unmengen von Bäumen in die Schmelzöfen – so viel, dass nicht mehr genug Holz nachwachsen konnte, und irgendwann mal war es fast alle.

Aber es gab ja noch die Kohle zum Heizen und das Eisen zum Bauen. Als Ersatz für das rar gewordene Holz waren gutes Eisen und Stahl immer mehr gefragt. Außerdem konnte man mit Metall besser und genauer arbeiten. Zum Beispiel bei den mechanischen Webstühlen im Maschinenbau.

Stahl wurde mit Holz(kohle) gekocht, die normale Kohle – Steinkohle – war für die Stahlherstellung ungeeignet.

Es musste eine Möglichkeit gefunden werden, das Holz zu ersetzen.

Geklappt hat es dann mit Koks. Koks ist Kohle, die schon einmal vorgebrannt wurde. Mit Koks, fand man heraus, konnte gutes Eisen und daraus Stahl gekocht werden. Das technische Verfahren dazu wurde in England, genauer, in Coalbrookdale („Kohlebachtal") entwickelt.

Dicke Kohleflöze mit guter, fetter Steinkohle konnten direkt am Hang abgebaut und in den Eisenhütten der Nachbarschaft verwendet werden. In diesem kleinen Tal am Fluss Severn in Mittelengland steht die Wiege der industralisierten Welt, unserer heutigen Welt. Um die riesigen Mengen Kohle, die jetzt gebraucht wurden, abzubauen, musste man immer tiefer in die Erde vorgedringen. Damit wurde das Grundwasser in den Bergwerken zum Problem: Es stand den Bergleuten oft buchstäblich bis zum Halse, und manche Grube musste wegen des eingedrungenen Wassers geschlossen werden. Gebraucht wurde eine von Wind, Wetter und Wasserläufen unabhängige Pumpmaschine. Und die gab es. Nicht gut, aber immerhin – es gab sie …

*Schwefel in der Kohle macht das Eisen spröde,
es taugt nichts, deshalb die Kohle zu Koks vorgebrannt. So wird die Kohle zum schwarzen
Gold – Kohle und Stahl sind auf lange Zeit
das Rückgrat der Industrie.*

Feuer, Wasser, Vakuum

Dampf machen!

Mit den Wasser- und Windmühlen wird Muskelkraft – die der Tiere oder auch die menschliche – durch die Kräfte der Natur ersetzt. Aber die gibt es nicht immer und überall, mal bläst kein Wind, mal fließt kein Wasser. Eine unabhängige, allzeitig einsetzbare Kraftmaschine gibt es nicht. Noch nicht. Nur in einigen Bergwerken in England wird mit merkwürdigen, dampfgetriebenen Ungetümen Wasser aus den Stollen gepumpt: mit der Newcomen'schen Dampfmaschine. Sie arbeitet nach dem Prinzip des Luftdrucks oder des Vakuums, was ja irgendwie dasselbe ist,

man erinnere sich an den Versuch mit den Magdeburger Halbkugeln (siehe Seite 43).

Bei der Newcomen-Dampfmaschine drückt Dampf den Kolben nach oben und die Pumpstange nach unten. Kaltes Wasser im Zylinder erzeugt Unterdruck, der den Kolben nach unten fallen lässt und die Pumpstange mit dem Wassergefäß wieder nach oben zieht. Und so weiter und so fort. Das dauert und musste mit der Hand gesteuert werden: Hahn auf, kaltes Wasser rein, Hahn zu, warten, Kolbenhub, Hahn auf und so weiter und so fort…

Newcomen'sche Dampfmaschine

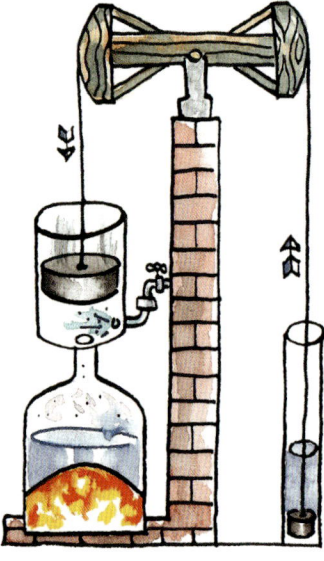

An einen beheizten Wassertank ist ein dickes Rohr, ein Zylinder, angeschlossen. Wenn das Wasser kocht, wird es zu Dampf und dehnt sich gewaltig aus. Der Dampf steigt in den Zylinder …

… und treibt den Kolben – eine dicke Scheibe, die genau in den Zylinder passt – nach oben (und die Pumpstange nach unten).

Wenn der Kolben oben ist, wird unten in den Zylinder kaltes Wasser eingespritzt: Der Dampf kondensiert (wird also wieder Wasser) und braucht deshalb weniger Platz. Ein Vakuum entsteht, in das der Kolben hineinsaust (und so die Pumpstange auf der anderen Seite wieder nach oben zieht).

Bei Watts Dampfmaschine fällt der Kolben nicht durch den Luftdruck nach unten, der Kolben wird vielmehr in beiden Arbeitstakten vom Dampf angetrieben: Einmal drückt Dampf den Kolben in die eine Richtung, dann wird der Dampf mit einem raffinierten Mechanismus umgeleitet und drückt den Kolben von der anderen Seite her wieder zurück, das große Schwungrad lässt die Maschine schön gleichmäßig laufen.

James Watt, *Vater der Dampfmaschine*

Umständlich waren diese ersten Dampfmaschinen schon, aber immerhin hob die Newcomen'sche Maschine in zwölf Hüben pro Minute 600 Liter Wasser nach oben – ein Anfang war gemacht.

Es gab ungezählte Schwierigkeiten, bis aus dieser einfachen eine wirklich voll funktionsfähige Kraftmaschine wurde. Das größte Problem war es, einen dicht schließenden Zylinder herzustellen. Aber auch das wurde mit viel Arbeit, Ausdauer und Tüftelei gelöst. Die Sache mit den Dampfmaschinen war nämlich auch ein prächtiges Geschäft, das sich keiner entgehen lassen wollte. James Watt gelang schließlich die erste voll funktionsfähige Maschine mit doppelt wirkendem Dampfzufluss und eigenem Kondensator.

Watt

Früher war auf allen Glühbirnen James … nein, nur Watt zu lesen. Watt ist die Maßeinheit für Leistung. So wusste jeder, wie hell seine Glühbirne strahlen würde. Auf einem modernen Leuchtmittel steht immer noch Watt, aber nur zur Orientierung. So können sich die Leute besser vorstellen, wieviel Licht ihre LED-Lampe nun abgibt.

Auch die Leistung von Musikverstärkern und Automotoren wird heutzutage in (Kilo-)Watt angegeben. Übrigens: Stellt man eine Dampfmaschine auf Räder, hat man eine Lokomotive.

Eisenbahn

Englische Ingenieure haben
die Eisenbahn entwickelt:
die Lokomotiven, das ganze
schienengeführte Zugsystem.
So wurde zuerst England
erschlossen, dann der Kontinent und später das riesige
Amerika. Der Bahnhof wird
zur Schnittstelle der Welt, alles
trifft sich und fährt hier los:
zur Arbeit, in die Ferien und
auf Schalke.

Die Technik wird weiterent-
wickelt: elektrische Lokomotiven, Dieselloks und Magnet-
Schwebebahnen. Die Eisenbahn
erweist sich als umweltfreund-
liches und zukunftsweisendes
Verkehrsmittel. Trotzdem tut sie
sich schwer: Das Schienennetz
wird ausgedünnt und der
Verkehr wird immer mehr auf
die Straße verlagert – Bahnhöfe
sind kalt und Gas geben kann
auch nur der Lokführer.

53

Automobile

Cugnot setzt seinen Dampfwagen an die Wand. War halt auch schwer zu lenken.

Die Autos lernen laufen

Freie Fahrt für wilde Bürger

Mit der Dampfmaschine gab es zum ersten Mal einen Motor, der auch für Fahrzeuge geeignet war, und 1771 baute der französische Ingenieur Cugnot das erste „Selbstbewegliche" (was genau genommen „Automobil" heißt). Und den ersten Autounfall in der Geschichte. Auch sonst hatte Cugnot mit seinem neuartigen Fahrzeug nur wenig Erfolg.

Das erste Auto. Benz hats gebaut, seiner Frau gefällts.

Erst hundert Jahre später gelang Karl Benz mit einem von Nikolaus August Otto entwickelten Benzinmotor der Durchbruch. Zu dieser Zeit – 1886 – gab es schon recht gute Fahrräder. Benz setzte auf ein Dreirad der Fahrradfirma Adler einen leichten Benzinmotor, der die Hinterachse antrieb – das war der Anfang des Automobils, so wie wir es heute kennen. Das Gefährt hatte eine Lenkung, Vollgummireifen, eine Bremse und den kleinen Benzinmotor mit waagrecht liegender Schwungscheibe. Der Motor von Benz hatte seinerzeit nur einen Zylinder, heute fahren die meisten Autos mit vier Zylindern – sie machen den Motor stärker und laufruhiger.

Der Otto-Motor: Wenn das Benzin-Luft-Gemisch im Zylinder elektrisch gezündet wird, saust der Kolben durch den Verbrennungsdruck nach unten. Über das Pleuel wird die Kurbelwelle angetrieben. Die Schwungscheibe lässt den Motor rund laufen.

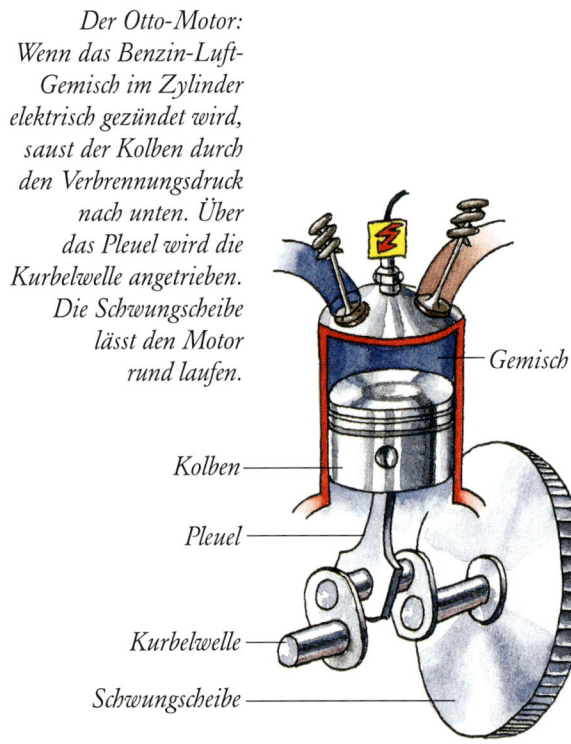

Gemisch

Kolben

Pleuel

Kurbelwelle

Schwungscheibe

54

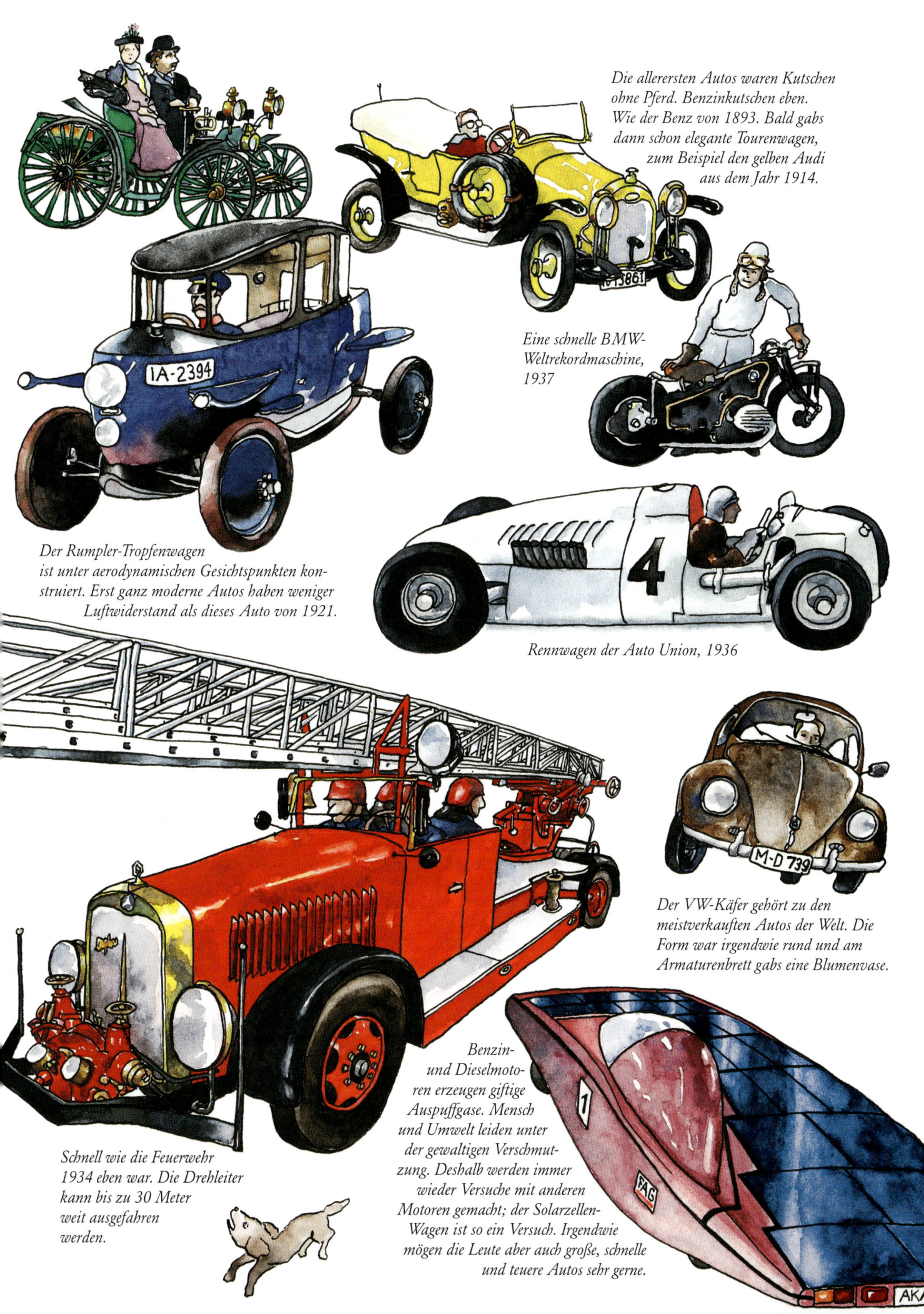

Die allerersten Autos waren Kutschen
ohne Pferd. Benzinkutschen eben.
Wie der Benz von 1893. Bald gabs
dann schon elegante Tourenwagen,
zum Beispiel den gelben Audi
aus dem Jahr 1914.

Eine schnelle BMW-
Weltrekordmaschine,
1937

Der Rumpler-Tropfenwagen
ist unter aerodynamischen Gesichtspunkten konstruiert. Erst ganz moderne Autos haben weniger
Luftwiderstand als dieses Auto von 1921.

Rennwagen der Auto Union, 1936

Der VW-Käfer gehört zu den
meistverkauften Autos der Welt. Die
Form war irgendwie rund und am
Armaturenbrett gabs eine Blumenvase.

Schnell wie die Feuerwehr
1934 eben war. Die Drehleiter
kann bis zu 30 Meter
weit ausgefahren
werden.

Benzin-
und Dieselmoto-
ren erzeugen giftige
Auspuffgase. Mensch
und Umwelt leiden unter
der gewaltigen Verschmut-
zung. Deshalb werden immer
wieder Versuche mit anderen
Motoren gemacht; der Solarzellen-
Wagen ist so ein Versuch. Irgendwie
mögen die Leute aber auch große, schnelle
und teuere Autos sehr gerne.

Flugzeuge

*Die grenzenlose
Freiheit über
den Wolken*

Wir heben ab

Mit allen möglichen und unmögli-
chen Gerätschaften haben sich die
Menschen in die Luft gewagt. Das hat
zwar mancher mit seinem Leben be-
zahlt, funktionsfähige Flugzeuge sind
aber in dieser Zeit nicht zustande gekommen. Erst Otto Lilienthal hat mit
seinen systematischen Studien über
den Vogelflug den Grundstein für die
Fliegerei gelegt. Aber auch er verun-
glückte tödlich. Die Experimente mit
seinen eleganten Gleitseglern waren
jedoch Ausgangspunkt für die erfolg-
reichen ersten Motorflugzeuge der Gebrüder Wright.
Im Ersten Weltkrieg erkannten die Po-
litiker und Militärs die ungeahnten
Möglichkeiten der Fliegerei und trie-
ben die Entwicklung der Luftwaffe
zügig voran.

Heute ist das Flugzeug so normal wie
ein Gummiboot. Obwohl – ein bisschen kribbeln tut es immer noch. Luft
hat halt keine Balken.

*Auf der Flugwerft in Schleißheim kann man
heute noch die ältesten Flugplatzbauten in
Deutschland sehen – die Hallen und den Turm
der Kommandatur. Das Deutsche Museum hat
neue Ausstellungshallen dazu gebaut, in denen
vom Gleiter bis zum Strahlflugzeug viele Exponate die Geschichte der Luftfahrt erzählen.*

*Otto Lilienthal – hier mit seinem „Normalsegler
No.13" – war der Pionier der deutschen Luftfahrt,
der Luftfahrt überhaupt. Für den Bau seiner Flug-
apparate hatte er die Flügel und den Flug der
Störche sehr genau studiert.*

Das Fahrwerk einer modernen Verkehrsmaschine wird während des Fluges in den Flugzeugrumpf gezogen, so verringert sich der Luftwiderstand.

Die Etrich-Rumpler Taube von 1909. Ihre Form wurde einem tropischen Flugsamen nachempfunden und natürlich der Taube. Die Rumpler Taube war für ihre Zeit ein sehr gutes Flugzeug: ruhig und stabil und leicht zu fliegen.

Cockpit und Nase einer Boeing 707 der Lufthansa. Mit solchen Flugzeugen nahm nach dem Zweiten Weltkrieg der Flugverkehr einen gewaltigen Auf-schwung. Die Maschine konnte doppelt so viele Passagiere wie eine damals übliche Propellermaschine aufnehmen und sie war schnell: 900 Kilometer in der Stunde.

Den Wrights gelang in Amerika vor über 100 Jahren der erste Motorflug.

Ferne Welten

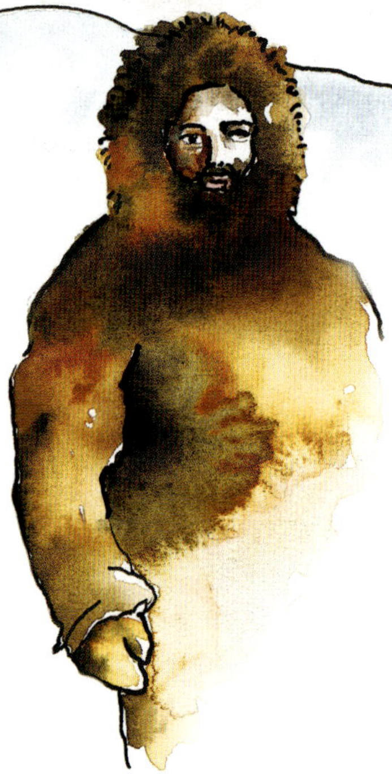

Die Ufer hinter dem Horizont

Dumm gelaufen: Roald Amundsen will mit zwei Flugbooten den Nordpol überqueren und muss mit Motorschaden notlanden. Zum Glück kriegt er eines der Flugboote wieder flott und kann damit zurückfliegen.

Fernweh

Mit den Flugzeugen wird vollendet, was griechische Seeleute und Christoph Kolumbus viele hundert Jahre vorher begonnen haben: die Erschließung der Welt. Das Flugzeug dringt mit Leichtigkeit in die entlegensten Winkel der Erde, und die weißen Flecken auf der Landkarte – terra incognita – verschwinden.

Viel hatte Europa in den vergangenen Epochen von fremden Völkern gelernt: Marco Polo brachte das Papier von den Chinesen, die Araber lehrten uns die Welt der Zahlen. Schießpulver, Porzellan und Maisanbau, Zucker, Schnaps und Seide sind von fernen Kulturen übernommen. Aber das Abendland, also die europäischen Mächte und später dann auch die USA, haben mit überlegener Technik und dem Willen zur Herrschaft die Welt erobert und sie mit Macht unterworfen. So ist aus der Vielzahl der unterschiedlichen Kulturen eine weltweite Zivilisation, unsere moderne Welt geworden.

Mexikanische Keramik, 2000 Jahre alt.

Ein chinesischer Drachen: Schwanz aus Seide, Kopf aus Pappmaché.

Heute kann jeder Fleck der Erde mit
Satelliten angepeilt werden:
das GPS – Global Positioning System.

Chinesische Dschunken
werden auch heute
noch gelegentlich von
Piraten geentert!

Ein starker Traktor
mit langem Rüssel:
der Arbeitselefant.

Die indische Sitar klingt nach
Tausend und einer Nacht.

Wer sichs leisten kann,
fährt mit der Rikscha.
Heute hat sie einen
Motor und heißt auch
so: Tuk-Tuk.

Kenn ich den –
oder ist das Werbung?

776 v. Christus beginnt in Griechenland die Zeitrechnung nach Olympiaden, der Zeitspanne zwischen zwei olympischen Spielen.

490 v. Chr. läuft ein Athener nach dem Sieg bei Marathon 42 Kilometer nach Athen und bricht mit den Worten „Freut euch! Sieg! Sieg!" tot zusammen.

79 n. Christus wird in Rom das Kolosseum, das größte Stadion der antiken Welt, eingeweiht.

Um 890 n. Christus fängt man an, Musik mit Noten aufzuschreiben.

Ab dem 17. Jahrhundert kommunizieren Schiffe mit Signalflaggen.

Von 1685 bis 1750 lebt Johann Sebastian Bach.

Von 1756 bis 1791 lebt Wolfgang Amadeus Mozart.

1839 wird in der Akademie der Wissenschaften in Paris die Erfindung der Fotografie verkündet.

1840 stellt Morse sein Telegrafenalphabet aus zwei Zeichen auf: lang und kurz; SOS ist: ··· ––– ···

1861 führt Philipp Reis in Frankfurt sein Telefon vor.

1876 meldet Alexander Graham Bell ein Patent auf sein Telefon an.

1895 Kino Kino: Die Brüder Lumière erfinden den Film.

Ist die Welt
ein Dorf?

Miteinander – gegeneinander

1896 Erste Olympische Spiele der Neuzeit in Athen

1898 werden Schallplatten aus Schellack gepresst.

1912 sinkt die Titanic.

1913 erscheint zum ersten Mal das Wort Jazz, in einem Sportbericht: Die Baseballjungs haben ihren Jazz verloren – Schwung, Witz und Dynamik.

1914 bis 1918 / 1939 bis 1945 Erster / Zweiter Weltkrieg

1951 wird in Deutschland die erste Langspielplatte aus Vinyl gepresst.

1954 gewinnt Deutschland in Bern zum ersten Mal die Fußball-Weltmeisterschaft.

1963 Erster Nr.-1-Hit der Beatles: Please please me.

1972 finden die Olympischen Spiele in München statt.

1985 gewinnt Boris Becker als jüngster Spieler aller Zeiten das Tennisturnier von Wimbledon.

1991 startet das World Wide Web: Der Siegeszug des Internets beginnt.

1997 gewinnt Jan Ulrich die Tour de France.

2007 kommt das erste iPhone von Apple auf den Markt und revolutioniert die Telekommunikation.

2015 flüchten viele Millionen Menschen von Krieg und Elend.

Nachrichten

KOMMUNIKATION

Mit Signalflaggen können Schiffe auch ohne Funkverbindungen Botschaften austauschen. Außer bei Nacht und Nebel.

Fernmeldetechnik mit 5 PS: die Postkutsche. Mit dem Aufbau eines allgemeinen Postwesens war der Grundstein für die weltweite Kommunikation gelegt.

Die Menschen verständigen sich: mit Worten und Gesten, mit Blicken, Briefen, Bildern, Telefonanrufen und E-Mails, über SMS und Chatprogramme oder in sozialen Netzwerken wie Facebook, Twitter und so weiter. Sie erzählen sich etwas, jammern, drohen, grüßen, wollen Einfluss nehmen, erklären, spotten oder angeben. Manchmal wollen sie nur Geld.

Menschen organisieren Kommunikation in großen und kleinen Auflagen – Bücher, Zeitungen Zeitschriften und Comics – und über weite Entfernungen: Tele-grafie, („tele": griechisch für „fern") Tele-gramm, Tele-fon, Tele-vision … Ein eigenes Nachrichtenwesen ist entstanden, die Telekommunikation. Und es ist ein Kind der Post.

Damit sich das Postwesen von einem Verein zur Beförderung von Briefen, Paketen und Personen zu einem allumfassenden Kommunikationssystem entwickeln konnte, musste sich zu Kutsche, Postschalter und Briefmarke eine neue Kraft dazugesellen: die Elektrizität.

Mit kleinen, meist farbigen Symbolen – Piktogrammen und Logos – kann man ohne Worte viel sagen: Hier gehts lang, wenn man flüchten muss; in dieser Flasche ist eine ganz bestimmte braune Brause; hier kann man Briefe und Pakete wegschicken usw.

Bilder sagen manchmal mehr als tausend
Worte. Und Fotos? Die Anstrengungen der
ersten Fotografen kamen den Menschen
noch recht albern und unnütz vor. Aber sie
waren der Anfang der modernen Bild- und
Drucktechnik, des Films und der Fotokunst.
Und unzähliger langer Dia-Abende.

„Hallo Vermittlung!"
Jeder Telefonanschluss ist mit einer
Vermittlungsstelle, dem „Amt",
verbunden. Zunächst stellten dort
königliche Postbeamte die
Verbindung her, dann das
„Fräulein vom Amt" – das
war billiger. Heute werden die
Gesprächsteilnehmer
automatisch verbunden. Das
ist noch viel billiger.

Mikrofon

Wenn es blitzt, entstehen
elektromagnetische Schwingungen. Mit diesem Licht-
bogen-Sender von 1906 wird
ein künstlicher Dauer-Blitz,
ein „Lichtbogen" erzeugt.
Die Schwingungen, die er
aussendet, werden mit dem
Mikrofon abgeändert und
die geänderten Schwingungen
werden vom Empfangsgerät
in Töne zurückverwandelt.
So hätte Radio gehen kön-
nen, aber die preisgünstige
Elektronenröhre machte das
Rennen. Eine Zeit lang hat
man in der Schifffahrt mit
diesen Sendern telegrafiert
und telefoniert.

In der
Studiokamera
werden die optischen Bil-
der in elektrische Signale
umgewandelt. Die Farb-
töne, die die Kamera erfasst,
werden in die Grundfarben des
Lichtes – Rot, Grün und Blau –
zerlegt. Erst beim Fernsehen, also
im Auge des Betrachters,
wachsen sie wieder zu den
ursprünglichen Farben
zusammen.

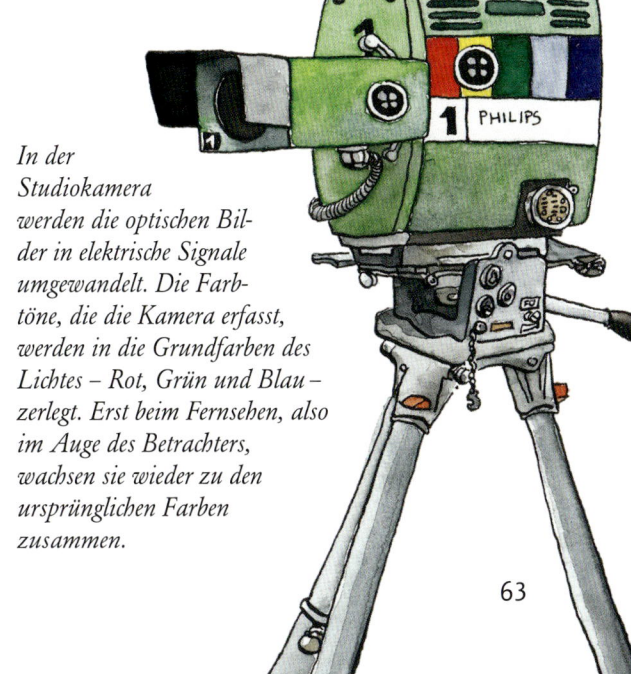

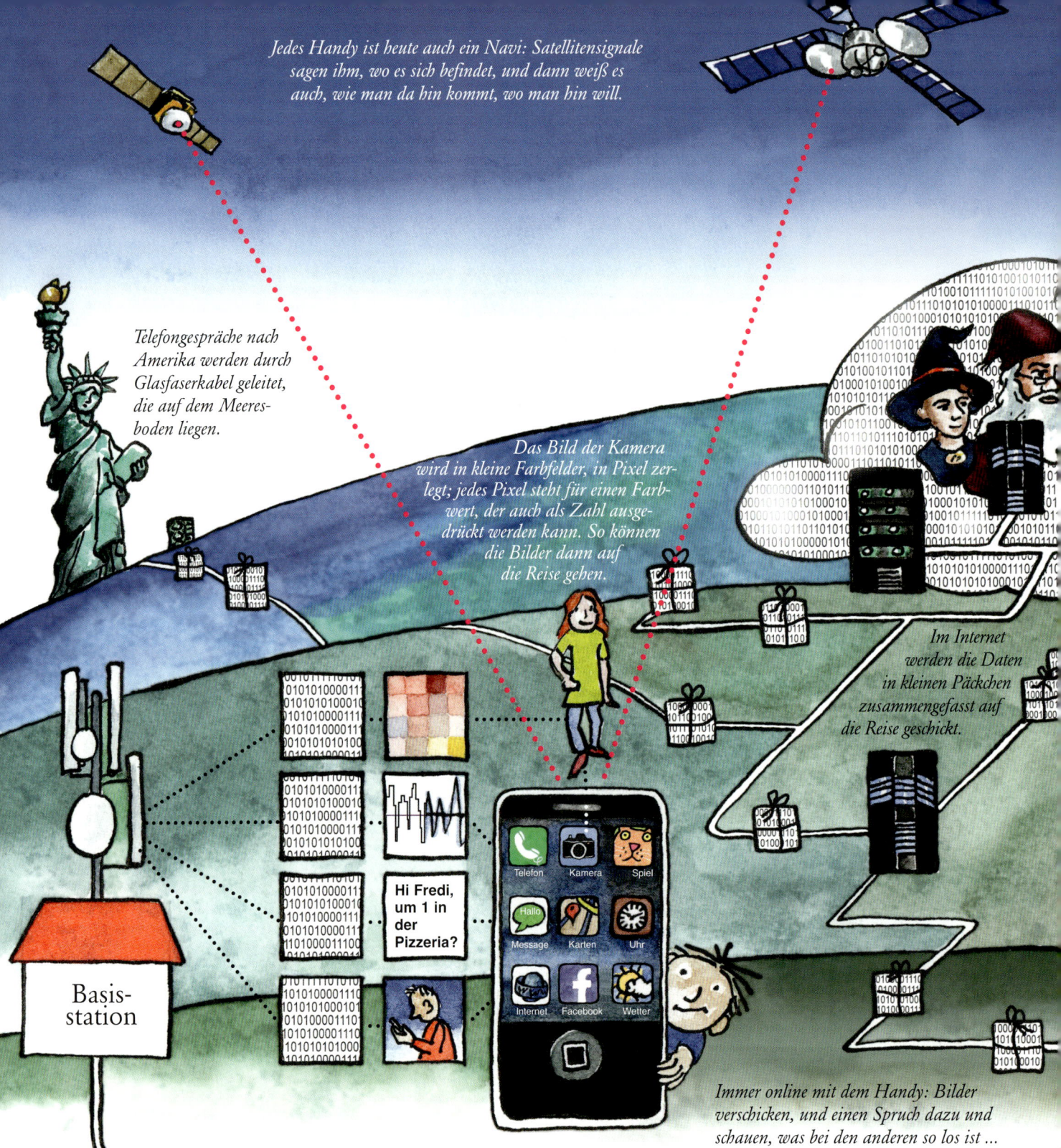

Jedes Handy ist heute auch ein Navi: Satellitensignale sagen ihm, wo es sich befindet, und dann weiß es auch, wie man da hin kommt, wo man hin will.

Telefongespräche nach Amerika werden durch Glasfaserkabel geleitet, die auf dem Meeres-boden liegen.

Das Bild der Kamera wird in kleine Farbfelder, in Pixel zer-legt; jedes Pixel steht für einen Farb-wert, der auch als Zahl ausge-drückt werden kann. So können die Bilder dann auf die Reise gehen.

Im Internet werden die Daten in kleinen Päckchen zusammengefasst auf die Reise geschickt.

Basis-station

Hi Fredi, um 1 in der Pizzeria?

Telefon   Kamera   Spiel
Message   Karten   Uhr
Internet   Facebook   Wetter

Immer online mit dem Handy: Bilder verschicken, und einen Spruch dazu und schauen, was bei den anderen so los ist ...

Heute kann man sich einen Klingelton kaufen, der wie ein altes Telefon bim-melt, früher war in den Apparaten eine Klingel eingebaut, mittlerweile liefert die Elektronik nicht nur neue Sounds, son-dern gleich das ganze Telefongespräch. Das technische Prinzip scheint merkwür-dig simpel: Alle Geräusche – Stimmen, Motorradlärm oder Vogelgezwitscher – verbreiten sich rund um den Ursprung, also rund um Mund, Motor oder Schna-bel, in Wellen, sind also ein andauern-der Fluss von Luftbewegungen, Schall-wellen und wurden früher genau so, also „analog", als andauerndes, sich ändern-des Signal elektrisch übertragen.

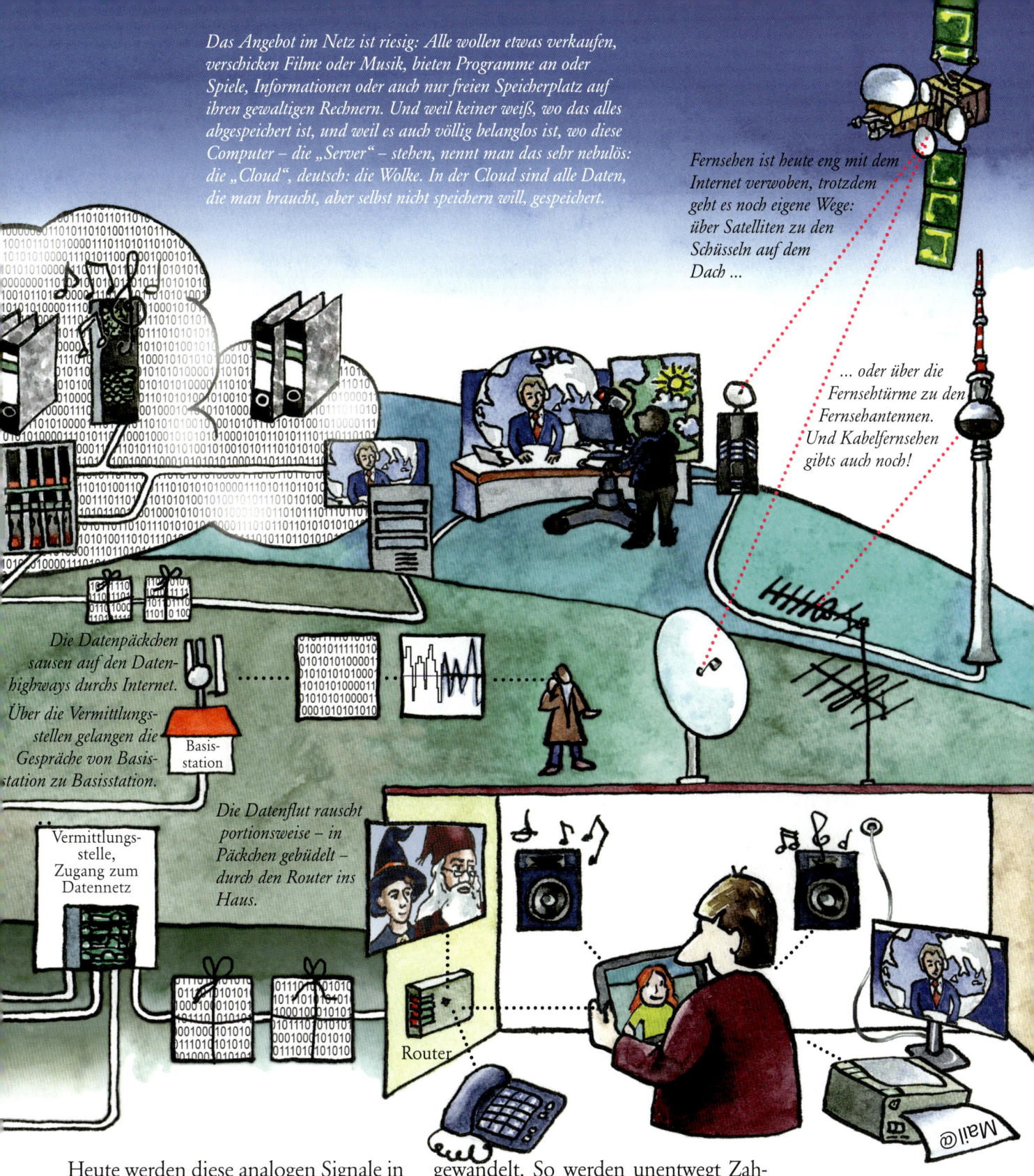

Das Angebot im Netz ist riesig: Alle wollen etwas verkaufen, verschicken Filme oder Musik, bieten Programme an oder Spiele, Informationen oder auch nur freien Speicherplatz auf ihren gewaltigen Rechnern. Und weil keiner weiß, wo das alles abgespeichert ist, und weil es auch völlig belanglos ist, wo diese Computer – die „Server" – stehen, nennt man das sehr nebulös: die „Cloud", deutsch: die Wolke. In der Cloud sind alle Daten, die man braucht, aber selbst nicht speichern will, gespeichert.

Fernsehen ist heute eng mit dem Internet verwoben, trotzdem geht es noch eigene Wege: über Satelliten zu den Schüsseln auf dem Dach ...

... oder über die Fernsehtürme zu den Fernsehantennen. Und Kabelfernsehen gibts auch noch!

Die Datenpäckchen sausen auf den Datenhighways durchs Internet.

Über die Vermittlungsstellen gelangen die Gespräche von Basisstation zu Basisstation.

Basisstation

Vermittlungsstelle, Zugang zum Datennetz

Die Datenflut rauscht portionsweise – in Päckchen gebüdelt – durch den Router ins Haus.

Router

Heute werden diese analogen Signale in sehr kurzen Abständen gemessen. Diese Messergebnisse werden in zwei Ziffern ausgedrückt – Null und Eins – und so, also „digitalisiert", als Daten zum Empfänger geschickt. Dort werden diese Daten in die ursprünglichen, akustischen Signale, die Schallwellen, zurück-gewandelt. So werden unentwegt Zahlenpakete in Wahnsinnsgeschwindigkeit durch die Datenhighways gepeitscht. Das geht schnell, ist stabil und braucht wenig Platz. Bilder, Texte, Musik und Spiele – alles wird verschickt und im Internet erfährt der Rest der Welt, dass man ein echt kleveres Kerlchen ist.

65

Musik

*Wo man singt,
da lass dich
nieder!*

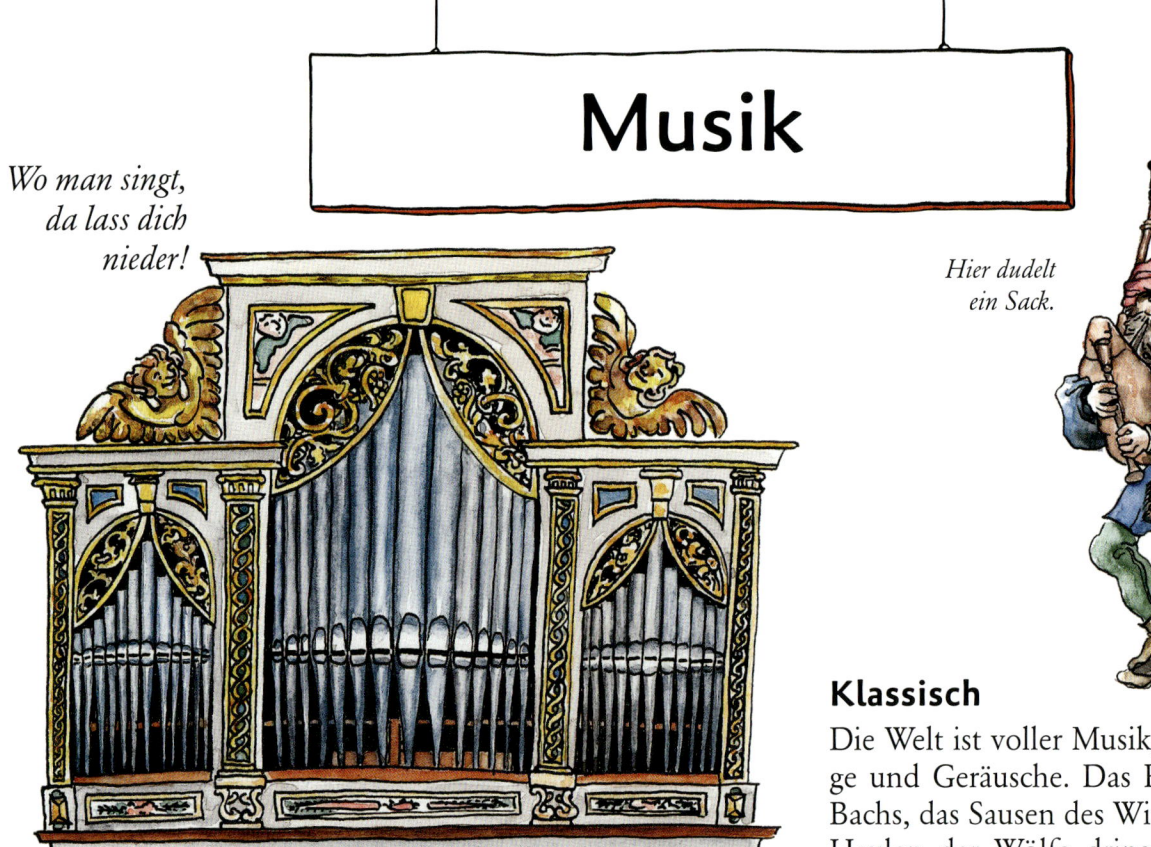

*Hier dudelt
ein Sack.*

Klassisch

Die Welt ist voller Musik, voller Klänge und Geräusche. Das Rauschen des Bachs, das Sausen des Windes und das Heulen der Wölfe dringt aber kaum noch an unser Ohr. Heute klappert die Computertastatur und das Telefon wuselt, Motoren brummen und eine Coladose zischt. Der Mensch war immer vom Klang fasziniert, er ahmt ihn nach, verstärkt und verfeinert ihn: So wird aus dem Surren der Bogensehne der samtene Klang der Laute, im Klavier wird die Saite geschlagen, im Cembalo angerissen. Aus dem Blasrohr wird die Trompete, aus hohlem Holz eine Trommel.

*Die Orgel ist von 1630,
der Organist ist
später gekommen.*

Alte Noten

Im Mittelalter schreibt man Töne erstmals als Noten: Die Musik wird planbar und strukturiert, verschiedene Stimmen können gleichzeitig gespielt werden, Gesänge und Choräle entstehen, die Töne aber verlieren das Weiche, sie werden härter und brillanter. Mit Mozart und Beethoven erreicht die klassische Musik ihre Blüte. Später wird sie romantischer, gelegentlich

Wer Geige lernt, tut seinen Mitmenschen ganz schön was an. Mütter finden es trotzdem schön.

Zarte Damen musizieren gerne. Nur nicht zu laut.

Macht ordentlich Krach: die Wagnertuba

Von Natur aus haben die Menschen ein Instrument gratis: ihre Stimme. Komisch nur, dass der hohe Mensch eine tiefe Stimme hat, während der kleine Mensch eine hohe hat.

Achtung Aufnahme! Komponist und Tontechniker besprechen die Arbeit. In solchen Studios entstanden vor 50 Jahren die ersten elektronischen Klänge.

düster und fremdartig, die Klänge werden ungewohnt und seltsam, die Harmonien überraschen mit unerwarteten Wendungen, und langsam lösen sich die alten Liedmuster in bizarren Klangbildern und elektronischen Geräuschen auf. Gelegentlich wird ein Klavier zersägt.

Wer keine Lust zum Üben hat, kann Leierkasten spielen, das klappt bestimmt. Dieses Drehklavier ist ungefähr 150 Jahre alt.

*Die Großeltern des Rock:
afrikanische Trommeln*

Let it rock!

In Afrika hat sich über viele tausend Jahre hin eine ursprüngliche Musik erhalten: rhythmusbetont und weich und unbestimmter in der Tongebung. Mit den Sklaven gelangt sie nach Nordamerika und vermischt sich dort mit der europäischen Musik, den Blaskapellen des Militärs und den christlichen Chorälen; eine neue Musik entsteht, eine schwarze und ureigen amerikanische: Jazz.

Die recht unguten Erfahrungen, die die Schwarzen mit der Welt – besonders aber im Dienst der weißen Herrschaften – machen, besingen sie bei der Arbeit auf den Baumwollfeldern, auf der Fahrt mit dem Mississippi-Dampfer und in den Bars der kleinen Südstaaten-Nester. Das ist der Blues: ein bisschen traurig, ein bisschen wehmütig und schön.

Härter und schneller, wird er zum Rhythm&Blues und so gefällt das auch den weißen Amerikanern, die alles übernehmen, was ein Geschäft zu werden verspricht – der Rock'n Roll tritt seinen Siegeszug über die Welt an – rocking all over the world.

*Was „Jazz" bedeutet, kann man nicht sagen.
Aber hören.*

In England angekommen, vermischen sich die harten Rock-Beats mit den Liedern der Matrosen, mit irischen Volksweisen, klassischen Elementen und elektronischen Spielereien, so entsteht die Popmusik. Sie begeistert ein paar Generationen lang aufmüpfige Oberschüler und über Nacht schießen in muffigen Kellern und Garagen Bands wie Pilz(köpf)e aus dem Boden.

Heute gibt es die unterschiedlichsten Stilrichtungen, der Sound wird jetzt oft mit Computern und Maschinen erzeugt, die alte Instrumente nachahmen oder mit völlig neuen Klanggebilden die Eltern nerven.
So ist die Welt immer noch voller Klänge: im Kaufhaus, im Kino, im Web … und im Kopf.

Die Popkonzerte sind mit der Zeit immer bombastischer geworden: künstlicher Nebel, riesige Arenen und Unmengen von Verstärkern. Das bringt Watt – und Ohren, die noch am nächsten Morgen pfeifen.

So ging das mal: Gitarre umhängen, drei Griffe üben und dann rauf auf die Bühne!

Der Mini-Moog war einer der ersten Synthesizer und bei den Musikern sehr beliebt.

Wir wollen Spaß!

Beim Sport zählt nicht das Ergebnis, aber ein bisschen schon.

Im Sport zählen Kraft und Geschick. Das eine mehr als das andere – je nach Sportart. Wer gewinnen will, muss sich konzentrieren und mit seinen Kräften haushalten. Wer sich nicht auf seine eigenen Kräfte verlassen will, wird Autorennfahrer, muss aber aufpassen, dass er nicht crashed und kopfüber in einem anderen Flitzer landet.

Die Automobilindustrie sagt, dass der Motorsport eigentlich nur dazu da ist, neue Technologien auszuprobieren. Sicher ist es die spannendste Werk-stoffprüfung der Welt. Und die mit den meisten Zuschauern. Wem das alles zu teuer und zu gefährlich ist, kann es mit der eigenen Kraft versuchen und Rennrad fahren. Oder rudern. Dann muss er ordentlich trainieren. Krafttraining. Das macht Muckis.

Zu viert kann man auf so einem Fahrrad locker 50 Stundenkilometer fahren. Da haben vier Herzen die Kraft eines Pferdes – ein PS.

Wem das Fahrrad zu langsam ist: Der Formel-1-Renner von Renault beschleunigt in 2,5 Sekunden von Null auf hundert.

Ein edler, schöner Sport: Segelfliegen. Die Segler
werden mit einem Seil in die Luft gezogen, klinken
sich aus, und von da ab gleiten sie nur noch laut-
los durchs Firmament und schrauben sich, vom
Aufwind getragen, dem Himmel entgegen.

Segeln ist eine feine Sache.
Der Wind bläst einem um die
Ohren, die Gischt braust auf und
im Hafen kann man schöne See-
manns-Pullover kaufen. Dieses
Segelschiff ist allerdings etwas
groß geraten – es gehörte
dem Kaiser Wilhelm.

Ist laut, schnell und ärgert Badegäste.

Nicht nur in der Musik ist der Takt
wichtig, auch beim Rudern.
Sonst gibts in den Rudern einen
Knoten. Hier gibt kein Dirigent,
sondern der kleine Mann im Heck
den Ruderrhythmus vor.

71

Not und Rettung

Hilfe!

Im Bergwerk kann Kohlestaub explodieren, giftiges Gas austreten oder ein Stollen einstürzen. Da braucht es eine Grubenwehr, die vorher nach dem Rechten sieht, dass nachher nichts passiert.

Wenn das mal gutgeht!

Mit dem Fortschritt hat sich der Mensch in immer extremere Gebiete vorgewagt: In Hochhäuser und Bergwerke, er sticht weit hinaus in orkanumtoste Ozeane, und Flugzeuge rasen jenseits der Schallgeschwindigkeit durch die Atmosphäre. Das kann gefährlich werden. Und manchmal krachts ordentlich. Damit nicht allzu viel passiert, wenn's mal eng wird, wurde zur Technik auch immer ein Sicherheits- und Rettungswesen dazu entwickelt. Die Feuerwehr ist schnell am Ort und in besonders schwierigen Fällen kann der Hubschrauber die Verletzten einsammeln, von der Autobahn oder aus der Gletscherspalte. Auf See stehen erst einmal die Rettungswesten und -boote zur Verfügung, aber es muss schnell gehen: Das Wasser ist kalt, die Wellen sind hoch und die Klippen sind gefährlich. Wenn mal wieder ein Unglück passiert ist, denken viele, dass sich die Natur eben doch nicht ganz beherrschen lässt, aber meistens stellt sich heraus, dass irgendein Pfusch Schuld war an der Katastrophe: Die Häuser im Erdbebengebiet waren zu billig gebaut, die Männer mit den Schweißgeräten mussten ganz schnell fertig werden (und so sind ein paar Funken zu weit geflogen), die Schifahrer wollten die Lawinenwarnung nicht hören oder der Kapitän war betrunken.

Ein Feuermelder aus Gusseisen, aus Berlin, 1886. Später auch in anderen Städten, Missbrauch strafbar!

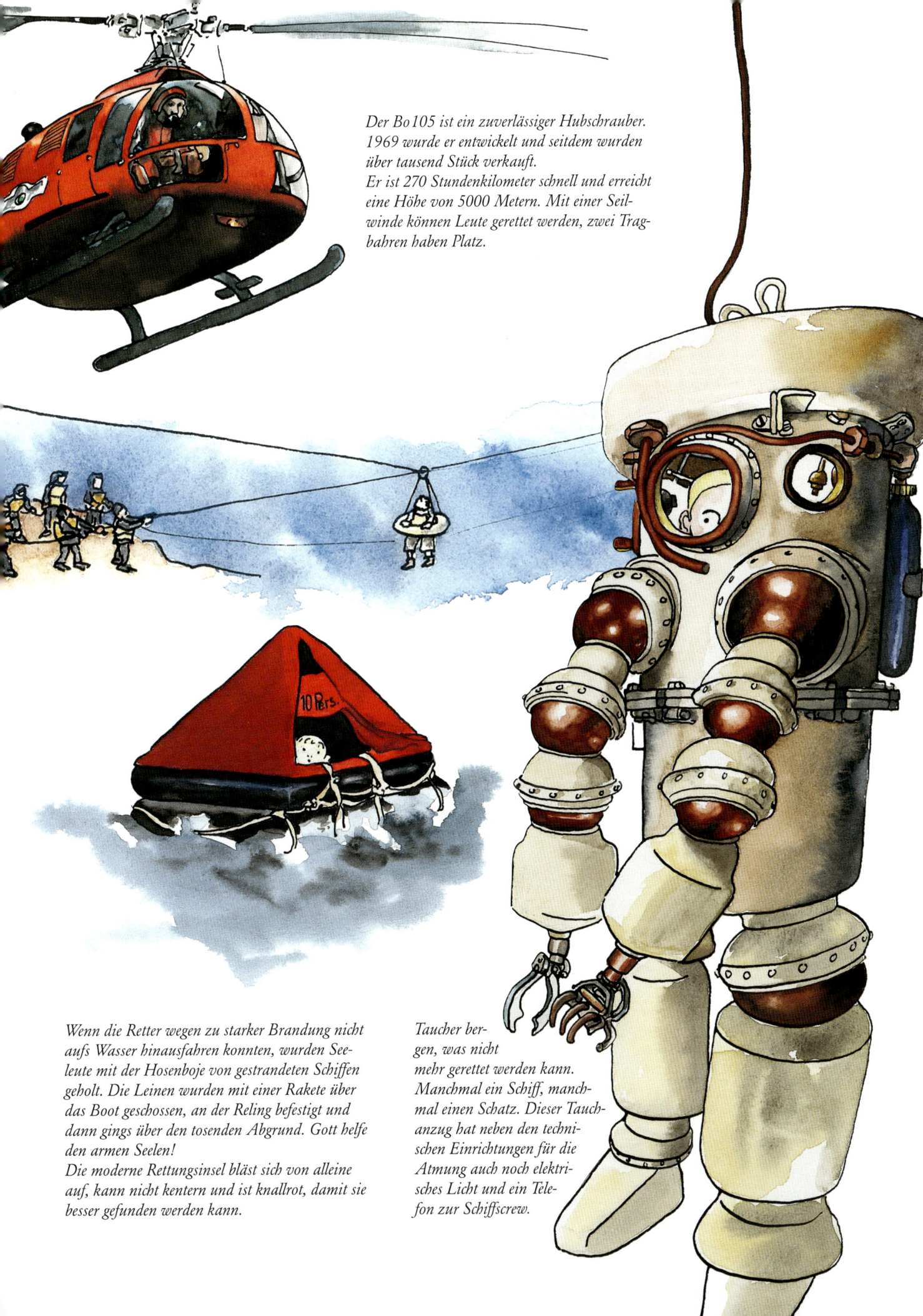

Der Bo 105 ist ein zuverlässiger Hubschrauber. 1969 wurde er entwickelt und seitdem wurden über tausend Stück verkauft.
Er ist 270 Stundenkilometer schnell und erreicht eine Höhe von 5000 Metern. Mit einer Seilwinde können Leute gerettet werden, zwei Tragbahren haben Platz.

Wenn die Retter wegen zu starker Brandung nicht aufs Wasser hinausfahren konnten, wurden Seeleute mit der Hosenboje von gestrandeten Schiffen geholt. Die Leinen wurden mit einer Rakete über das Boot geschossen, an der Reling befestigt und dann gings über den tosenden Abgrund. Gott helfe den armen Seelen!
Die moderne Rettungsinsel bläst sich von alleine auf, kann nicht kentern und ist knallrot, damit sie besser gefunden werden kann.

Taucher bergen, was nicht mehr gerettet werden kann. Manchmal ein Schiff, manchmal einen Schatz. Dieser Tauchanzug hat neben den technischen Einrichtungen für die Atmung auch noch elektrisches Licht und ein Telefon zur Schiffscrew.

Krieg und Frieden

Auch eine Sprache

Technik wird schon seit jeher für gewaltsame Auseinandersetzungen benutzt. Das ist heute nicht anders als vor 100 000 Jahren, die Mittel haben sich allerdings ganz schön geändert: Der Kampf Mann gegen Mann, die Keule in der Hand, ist gigantischen Zerstörungsmaschinerien gewichen, die – allzeit bereit – Unsummen von Geld, Reichtum und, wenn es ernst wird, Menschenleben verschlingen. Gründe finden sich viele, um anderen die Macht streitig zu machen. Dafür lassen die Krieg führenden Parteien beim Gegner so einiges draufgehen und nehmen das auch im eigenen Land in Kauf. Wenn einer nicht mehr kann, ist Frieden, und die Megawaffe braucht gar nicht unbedingt zum Einsatz zu gelangen – das gespaltene Atom …

* Sind wir allein im Weltall – oder kommt
doch mal jemand zu Besuch?

Vor 15 Milliarden Jahren
entstand in einer gewaltigen Explo-
sion, dem Urknall, das Universum.

Vor 4½ Milliarden
Jahren ist unsere Sonne mit
ihren Planeten entstanden.

Um 450 v. Chr. machen
sich die Griechen Gedan-
ken über nicht mehr
teilbare kleine Teilchen:
atomos = unteilbar.

Im 2. Jahrhundert sieht Ptolemäus
die Erde im Mittelpunkt des Weltalls,
alles dreht sich um sie.

1541 stirbt Paracelsus; er bekämpfte
die Goldsucherei der Alchimisten
und setzte die Chemie für die
Gesundheit ein.

1543 veröffentlicht Kopernikus
die Erkenntnis, dass sich alles
um die Sonne dreht.

1590 wird das Mikroskop
erfunden.

1608 wird das Fernrohr
erfunden.

Im 17. Jahrhundert
hält man Atome für unter-
schiedlich massive Kugeln.

1897 entdeckt man die
Elektronen: Es gibt
Teile, die sind kleiner
als Atome.

1911 erste Daten-
verarbeitungsanlage
für Lochkarten. Sie
werden von Disket-
ten, später Sticks,
DVDs und Fest-
platten ersetzt.

1926 fliegt die erste
Flüssigtreibstoff-Rakete
(2,5 Sekunden lang).

1933 stellt Ernst
Ruska das Elektronen-
mikroskop vor.

1938 spalten
Otto Hahn und
Lise Meitner den
Uran-Atomkern.

1942 wird
der erste
Atom-Reaktor
erprobt.

Große kleine Welt

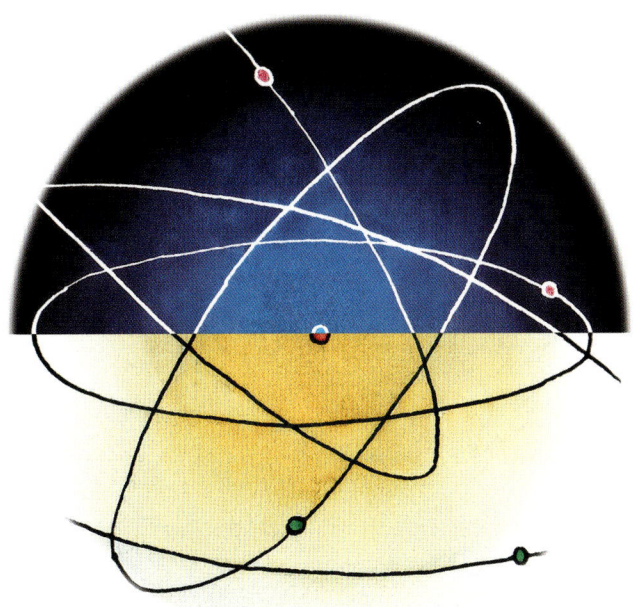

Kleine große Welt

1945 zerstören amerikanische Atombomben die japanischen Städte Hiroschima und Nagasaki.

1947 wird der erste Transistor hergestellt.

1957 umkreist der erste künstliche Satellit, der „Sputnik", die Erde.

1961 umrundet der erste Mensch die Erde im Weltraum: Juri Gagarin.

1969 landen amerikanische Astronauten auf dem Mond.

1971 erscheint der erste Taschenrechner auf dem Markt.

1981 startet die „Columbia", die erste Raumfähre.

1984 kommt der erste Macintosh-Computer von Apple auf den Markt.

1986 fliegt in Tschernobyl ein Kernreaktor in die Luft.

1986 explodiert die amerikanische Raumfähre „Challenger" beim Start.

Ab 2000 ersetzt der MP3-Player den Walkman (tragbaren Kassenrecorder)

1996 wird die Digital Versatile Disc (DVD) eingeführt.

1999 totale Sonnenfinsternis über Süddeutschland

2011 Nach der Nuklearkatastrophe in Fukushima beschließt Deutschland den Ausstieg aus der Atomenergie.

Etwa ab 2013 wird „Internet der Dinge" zum Begriff für die allgemeine Vernetzung durch Digitaltechnik.

2015 fliegt die Raumsonde „New Horizons" an Pluto vorbei.

Das Atom

Das Unteilbare?

Kann man einen Gegenstand – zum Beispiel einen Grashalm – beliebig oft teilen, so dass die Teile immer kleiner und kleiner und kleiner und kleiner und kleiner und kleiner und und kleiner und kleiner und kleiner und kleiner und kleiner und kleiner und kleiner

werden? Kann man nicht, sagten die alten Griechen, es gibt ein „Unteilbares" – ein Atom –, das nicht mehr teilbar ist, ein Baustein der Materie. Aus diesen Bausteinen ist alles in der Welt – so auch der Grashalm – aufgebaut. Mit dieser Vorstellung hatten sie lange Zeit recht.

Vor etwa hundert Jahren wurde die Vorstellung von der Struktur und dem Aufbau der Materie genauer. Man begann, auch den Aufbau des Atoms zu erforschen, und fand heraus, dass das Atom aus einem Kern und der Hülle besteht.

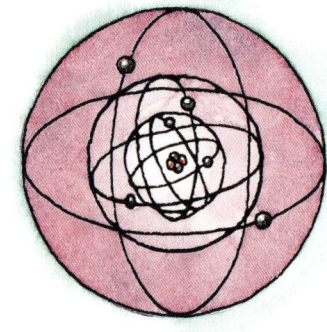

Um den Kern des Atoms sausen die Elektronen in ziemlich genau berechenbaren Bahnen. Der Kern besteht aus den positiv geladenen Protonen und den Neutronen.

Zusammen mit Otto Hahn erforscht Lise Meitner das Verhalten der Uran-Atomkerne unter Neutronenbeschuss. 1938 muss sie die Forschungsarbeit abbrechen; sie ist Jüdin und flieht vor dem Nazi-Terror aus Deutschland nach Schweden, bleibt aber in Kontakt mit Otto Hahn und kann die Ergebnisse seiner Versuchsarbeit deuten.

Geigerzähler

Batterien

Der Kern ist – gemessen am Umfang des ganzen Atoms – winzig und besteht aus positiv geladenen Teilen, den Protonen, und neutralen Teilen, den Neutronen. Der Atomkern bestimmt den Stoff: Gold besteht aus Goldatomen, Wasserstoff aus Wasserstoffatomen und so weiter … Schießt man langsame Neutronen auf den Kern (ja, das kann man), bleiben einige im Kern stecken. So wird der Kern anders – schwerer – und damit wird auch der Stoff ein wenig verändert.

Was passiert nun mit dem schwersten Element, dem Uran? Kann es überhaupt schwerer werden? Otto Hahn probiert es aus: Er lenkt langsame Neutronen auf eine winzige Uranmenge und macht eine Beobachtung, die er sich nicht erklären kann: Das Uran wird nicht ein wenig verändert, es ist verschwunden. Lise Meitner deutet 1938 die Sache richtig: Es gibt kein Uran mehr, der Urankern ist gespalten und zwei völlig andere Elemente sind entstanden. Dabei ist sehr viel Energie freigeworden. Ein Jahr später wissen die Forscher: Bei der Kernspaltung werden Neutronen frei, die auf andere Urankerne treffen und diese spalten, so werden wieder Neutronen frei, die auf wieder andere Kerne treffen, diese spalten und so weiter … Die rasend schnelle Kettenreaktion gibt mit einem Schlag eine gigantische Energiemenge als Druck, Hitze und Strahlung ab – die Atombombe. Langsam und kontrolliert heißt das: Energiequelle Kernkraftwerk.

Geigerzähler (hier aufgeklappt) bringen die entscheidenden Messergebnisse.

Paraffinblock

Der Veruchsaufbau:
Im Paraffin, einer wachsartigen Masse, werden die Neutronen langsamer. Sie bleiben im Uran stecken und Otto Hahn findet plötzlich ein viel leichteres Element: Barium. Später löst Lise Meitner das Rätsel: Der Urankern wird gespalten, das Uran zerfällt in zwei neue Elemente. Die Kernspaltung ist möglich, sie wird die Welt verändern.

Das Buch hält die Forschungsergebnisse fest: endlose Zahlenkolonnen.

Chemie

Du bist Chemie …

Die Chemie stimmt!

In der Natur sausen Atome nicht frei herum, sie sind mit anderen verbunden, entweder mit Atomen des gleichen Elements oder mit denen anderer Elemente. Die Erforschung und auch die Umgestaltung der Verbindungen – sie heißen Moleküle – bildet eine eigene Wissenschaft: die Chemie.

Wasser zum Beispiel besteht aus den Wassermolekülen und heißt auf Chemie H_2O, das sind zwei Wasserstoffatome (H) und ein Sauerstoffatom (O). Wasserstoff besteht immer aus zwei aneinandergeschweißten Atomen. Verbinden sich die zwei Wasserstoffatome anders als mit einem Sauerstoffatom, gibts kein Wasser, sondern es entsteht ein neuer, anderer Stoff.

Die Alchemie ist eine alte Wissenschaft, in der sich Götter- und Aberglauben mit wissenschaftlichem Forscherdrang vermengen. Die Hoffnung, aus Blei Gold herstellen zu können, wurde zwar enttäuscht, gelohnt hat sich das Köcheln, Destillieren, Schmelzen und Filtrieren trotzdem. Das sieht man an der modernen chemischen Industrie.

Alles ist Chemie: Holz, Steine, Sterne, Gase, Luft, Superbenzin und Brausepulver. Selbst die Menschen sind Chemie: Die Magensäure kannst du sogar schmecken, Blut besteht aus Farbstoff und verschiedenen Blutkörperchen und wenn du krank wirst, gibts Chemie: Auch im rein pflanzlichen Hustensaft ist es die chemische Kraft, die lindernd auf deine entzündeten Bronchien wirkt.

Aber nicht nur Medizin stellen die Chemiker her; auch Waschpulver, Plastikteller, Konservierungsstoffe, Legosteine und Rattengift und viele andere merkwürdige Stoffe wandern aus den Laboren und den Fabriken der chemischen Zunft. Das schafft Probleme, weil viele Substanzen – die chemischen Grundstoffe – für sich genommen schon recht giftig sind und eine Menge der neu entwickelten Stoffe von der Natur nicht beseitigt – „abgebaut" – werden können.

Wird die Chemie richtig eingesetzt, kann sie sogar die Risiken und Nebenwirkungen, die mit ihr einhergehen, beseitigen. Dann stimmt die Chemie!

Zu Risiken und Nebenwirkungen lesen Sie in Ihrem Chemiebuch nach!

*… und der Rest des Universums auch.
Alles ist Chemie!*

Mikroskopie

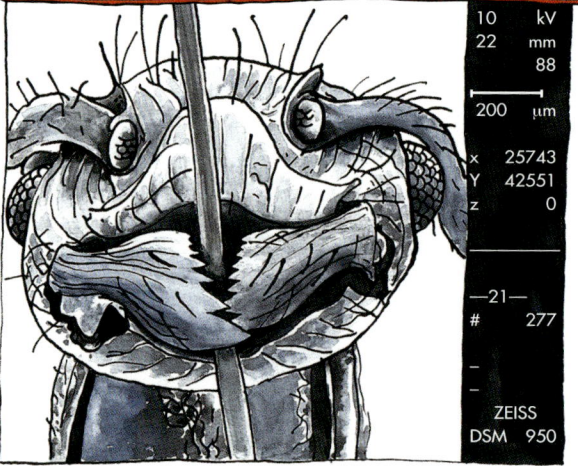

An den kleinen Wundern des Lebens nicht achtlos vorübergehen!

Schaut man nur lange genug durchs Mikroskop, wird man selbst ein Teil dieser kleinen Welt von Wasserfloh (links oben), Hüpferling (rechts unten) und Stechmückenlarve (zweimal rechts oben; alle: 60-fache Vergrößerung). Die Gelbrandkäferlarve (links in der Mitte) ist 10-fach vergrößert.

Ameise mit Menschenhaar. Ist mit dem Rasterelektronenmikroskop aufgenommen und sieht fies aus.

Unsichtbares wird sichtbar

Lange Zeit waren die Bausteine der Chemie – Moleküle und Atome – nur gedankliche Modelle, sie waren unsichtbar, also selbst mit den besten Mikroskopen nicht zu sehen.

Das Mikroskop wurde zu Galileis Zeit entwickelt, zur selben Zeit wie das Fernrohr, und irgendwie sind die beiden Geräte ja auch nahe Verwandte. Wie das Fernrohr den Menschen die Weiten des Universums erschlossen hat, so hat das Mikroskop die Tore in den Mikrokosmos aufgestoßen.

Das hat manchem das Leben gerettet: Ohne optische Hilfsmittel hätte man vielen Krankheitserregern nicht auf die Spur kommen können, Bakterien, und Viren nicht untersuchen und keine Mittel gegen sie entwickeln können.

Inzwischen hat sich der Blick in die Welt der wabernden Plasmatierchen geschärft: Mit dem modernen Rasterelektronenmikroskop kann man nicht nur die Ameisennase begutachten, sondern sogar eine Schuppenflechte auf der Nasenspitze. Das Rastertunnelmikroskop geht dann noch einen riesigen Schritt weiter ins Winzige: Die Gitterstruktur von Kristallen und einzelne Atome werden sichtbar; und wenn man will, kann man dann die Atome einzeln verschieben: klitzekleine Technik, die so genannte Nanotechnik.

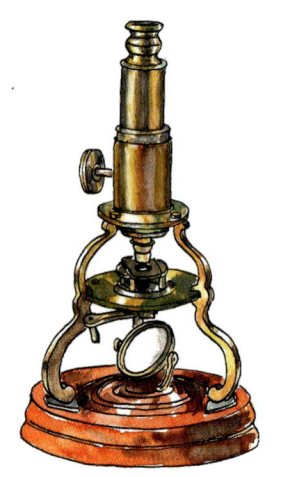

Mikroskop aus dem 18. Jahrhundert

Für die Untersuchung im Rasterelektronenmikroskop (REM) werden die Untersuchungsobjekte – zum Beispiel die Ameise – mit einer hauchdünnen Goldschicht bedampft. So kann der Elektronenstrahl auf der Oberfläche des Präparats Elektronen freisetzen, die auf dem Monitor wunderbare Bilder entstehen lassen. Oder gruselige, je nachdem.

Mikroelektronik

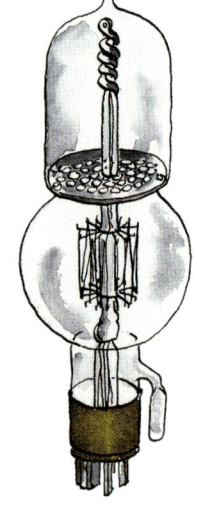

Halb leitet er und halb auch nicht – der Halbleiter

Seit der Erfindung der Glühbirne wird das Verhalten der Elektronen studiert: Elektronik. Im Vakuum wird der Fluss der Elektronen gesteuert und mit der Elektronenröhre hat man ein Bauelement, das Radios brummen und Schallplatten ganz schön schallen lässt.

Ab 1950 übernehmen allmählich Transistoren die Arbeit der Röhren. Im Transistor fließt der Strom nicht mehr durch das Vakuum, sondern durch ein Material, das Strom schlecht leitet. Oder besser. Je nachdem, wie man es gerade haben will. Das kann man steuern und das ist das Schöne am Halbleiter.

Auf dem Chip sind die Leistungen vieler Transistoren zusammengefasst. Wie Bausteine werden die elektronischen Teile zusammengefügt, speichern Informationen und bewältigen große Aufgaben – Rechenprozesse. Wir sprechen von Mikroprozessoren; sie sind das Kernstück der Computer.

Wie geht Computer?

Man stelle sich vor: 8 Ziffern sind gestohlen! 8 Ziffern! Fehlt die 2, die 3, die 4, 5, 6, die 7, die 8 und die 9! Skandal! Gerademal die 1 ist noch da, und die 0. (Ausgerechnet die Null!) Was tun, wenn man 8 Euro Taschengeld kriegt?

Gemach, das kriegen wir hin. Wir rechnen genauso wie früher, da gabs ja auch nur eine beschränkte Anzahl von Ziffern: Wenn die Ziffern ausgehen, dann gibts eine neue Stelle – auf die 9 folgt die 1 mit einer 0–10, dann 1–1, das ist die 11, 1–2 ist 12 und so weiter. Bis 99. Dann wieder eine neue Stelle: 100, dann 101 usw.

Dasselbe geht mit unseren zwei Ziffern: erst die 1, dann tja, dann kommt als zweites schon die 10, dann 11 (= 3), und dann schon 100 (die Vier), 101 (die 5), 110 ist die 6, 111 die 7 und 1000 ist dann – endlich! – 8 Euro Taschengeld.

So geht Computer: Alles wird in Zahlen übersetzt, das gibt sehr lange Zahlenreihen, rechnet sich aber trotzdem rasend schnell. 0 und 1, der „binäre Code", wird übersetzt in „Strom ja" oder „Strom nein", in elektrische Impulse. Die regeln und versüßen unser modernes Leben. Videospiele, Schreibarbeiten am Computer, Technoklänge, Zeichenprogramme und Bremskraftverstärker sind Rechnungen mit zwei Ziffern: 0 und 1.

Sauber muss es zugehen bei der Chipherstellung, da darf kein Staubkörnchen rumfliegen und alle Mitarbeiter brauchen einen Mundschutz. Das Licht ist gelb, weil die Chips mit lichtempfindlichem Material bedruckt werden.

Um die langen Zahlenreihen zu bewältigen, brauchte man früher Großrechner, die waren am Anfang so groß wie eine mittlere Dreizimmerwohnung. Das ist unpraktisch und kostet. Mit einem kleinen Rechner dagegen könnte man große Dinge erreichen – zum Beispiel den Mond. Denn auf der Fahrt zum Mond muss viel berechnet werden: die Steuerung, der Treibstoffverbrauch und was sonst noch alles wichtig ist auf einer langen Reise. Weil in einer Raumkapsel aber nicht viel Platz ist, mussten die Rechner immer kleiner und kleiner und kleiner gemacht werden. Die Raketentechnik selbst gabs schon, frisch aus deutschen Landen.

Vor gar nicht langer Zeit: keine Handys, keine Flachbildschirme, aber jede Menge Kabelsalat.

Raumfahrt

Der Knall ins All

Aus harmlosen Feuerwerks-raketen wird eine tödliche Waffe. Und ein Himmelstürmer

Raketen und Schießpulver, das gehört zusammen. Woher das Schießpulver kommt, weiß heute so recht niemand mehr. China? Arabien? Egal, mit dem Pulver gab es zwei Möglichkeiten: Entweder man stopft das Pulver in ein Rohr, setzt eine Kugel drauf und knallt diese in die Feinde. Oder man dreht das Rohr herum, zündet das Pulver und das Rohr schießt durch die Gegend. Beide Methoden wurden perfektioniert, die zweite wurde recht tragfähig.

Am Anfang war die deutsche Raketentechnik führend. In Peenemünde auf der Ostseeinsel Usedom wurden im Zweiten Weltkrieg die ersten Raketen gebaut, die wirklich längere Strecken fliegen konnten und in etwa da ankamen, wo sie hinsollten.

Ziel war England. Die Raketen wurden von Tausenden von Häftlingen in riesigen unterirdischen Bunkern gebaut; viele dieser Häftlinge starben unter unmenschlichen Arbeitsbedingungen. Beim Aufschlag in England hinterließen die Rakten Trümmer, Leid und Tote.

Nach dem Krieg haben sich die Sieger – Russen und Amerikaner – zerstritten und mit den deutschen Technikern ihre eigenen Raketen gebaut, die sie mit den schweren Atombomben bestückten. Damit bedrohten sie sich gegenseitig, diese Zeit heißt Kalter Krieg. Für den friedlichen Wettbewerb setzten sie auf die Raketen kleine Kapseln, in die sie Sender, Hunde und Affen steckten. Die Menschen selbst kamen erst später dran.

Mal fliegt der Inhalt …

… mal die Verpackung

Auf dem Schießstand in Peenemünde wird zum ersten Mal eine Rakete gezündet, eine A4. Das war 1942, mitten im Zweiten Weltkrieg. Die Nationalsozialisten nannten die Rakete V2. Das „V" stand für „Vergeltungswaffe" und Vergeltung heißt so viel wie Rache oder Gegenangriff. Damit versuchte man, die Sache zu beschönigen.

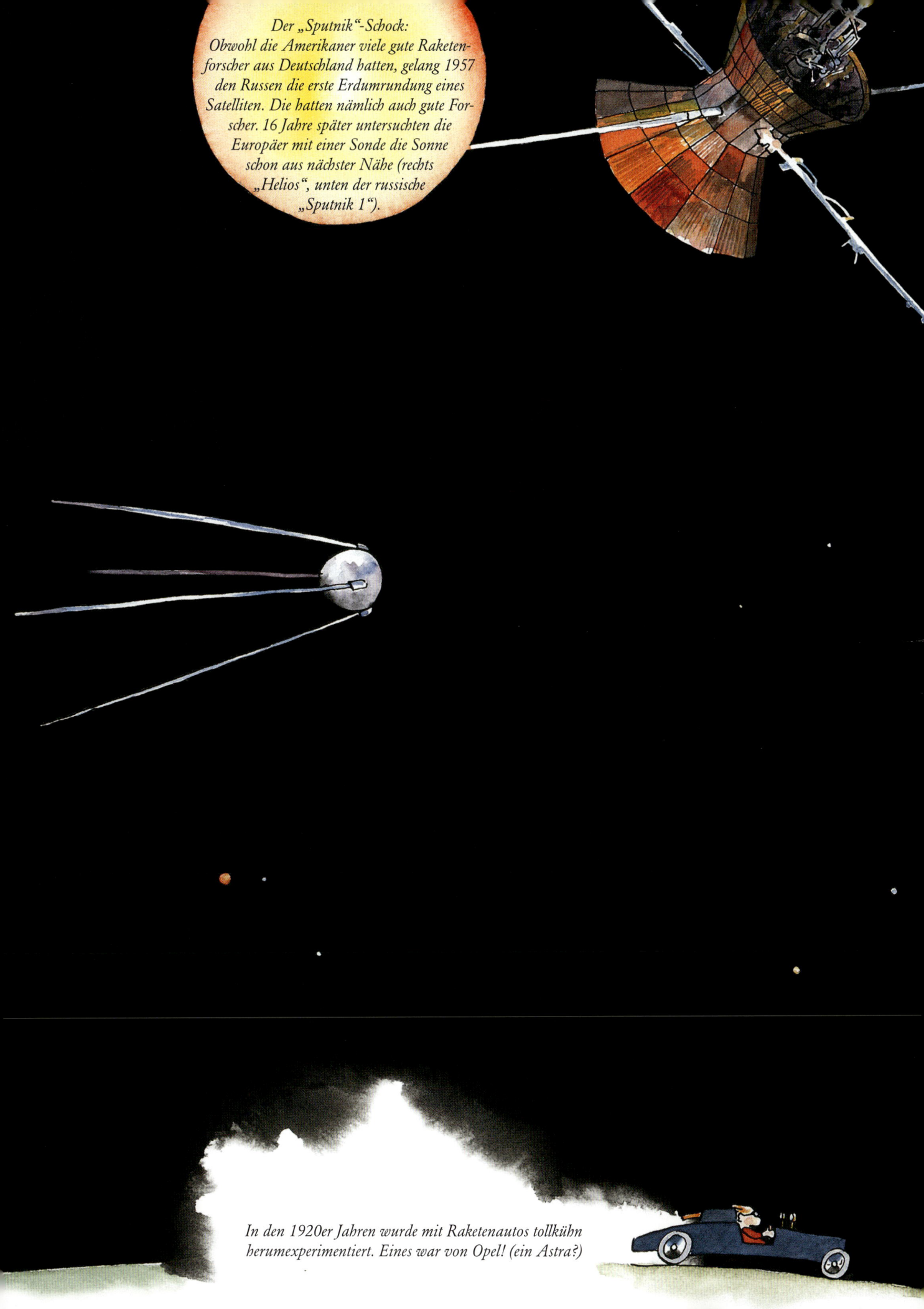

Der „Sputnik"-Schock:
Obwohl die Amerikaner viele gute Raketen-
forscher aus Deutschland hatten, gelang 1957
den Russen die erste Erdumrundung eines
Satelliten. Die hatten nämlich auch gute For-
scher. 16 Jahre später untersuchten die
Europäer mit einer Sonde die Sonne
schon aus nächster Nähe (rechts
„Helios", unten der russische
„Sputnik 1").

In den 1920er Jahren wurde mit Raketenautos tollkühn
herumexperimentiert. Eines war von Opel! (ein Astra?)

Der Mann im Mond

Auch bei der bemannten Weltraumfahrt hatten zuerst einmal die Russen die Nase vorne. Juri Gagarin flog als erster Mensch durchs Weltall, zwar nur einmal rund um die Erde, das aber in nur 108 Minuten. Ein fieberhafter Wettkampf der Supermächte war eingeläutet, Ziel war der Mond. In der Vorbereitungsphase wurde viel geplant, entwickelt und erprobt: Andockmanöver, Ausstieg aus der Kapsel, Erkun-

dung der Mondoberfläche. Gewonnen haben den Wettkampf schließlich die Amerikaner. Am 20. Juli 1969 landet ihr „Adler" (englisch: „Eagle") auf dem Mond: „The Eagle has landed". Ein großer Schritt für die Menschheit, und ein teurer: 24 Milliarden Dollar.
Zumindest für die Amerikaner hat sich dieser Schritt gelohnt. Und auch für die Mondgesteinforschung: 385 Kilogramm sind mittlerweile auf der Erde.

Ohne Auto gehts nicht. „Apollo 15" brachte die Amerikaner das vierte Mal auf den Mond und das erste Auto in den Himmel.

Astrophysik

Reise ins Unendliche

Heutzutage sausen schon die Fern-
rohre durchs Weltall. Das ist auch
weiter nicht verwunderlich, denn
unten auf der Erde herrscht dicke
Luft: Die Atmosphäre ist entweder so
verschmutzt oder nachts von den vielen Lichtern so hell, dass man die
Sterne gar nicht mehr richtig sehen
kann. Aber selbst wenn das alles nicht
wäre, würde allein das Zittern der Luft
einen ganzklaren Blick auf die Sterne
und Planeten verhindern. Zwar kann
man das mit neuen, computergesteu-
erten Teleskopen unterdrücken, aber
mit einem Fernrohr im Weltall ist
man eben direkt vor Ort. Das Hubble
Space Telescope hat uns lange mit
gestochen scharfen Bildern aus fernen
Galaxien versorgt. 2018 wird Hubble
durch ein neues Weltraumteleskop
ersetzt.

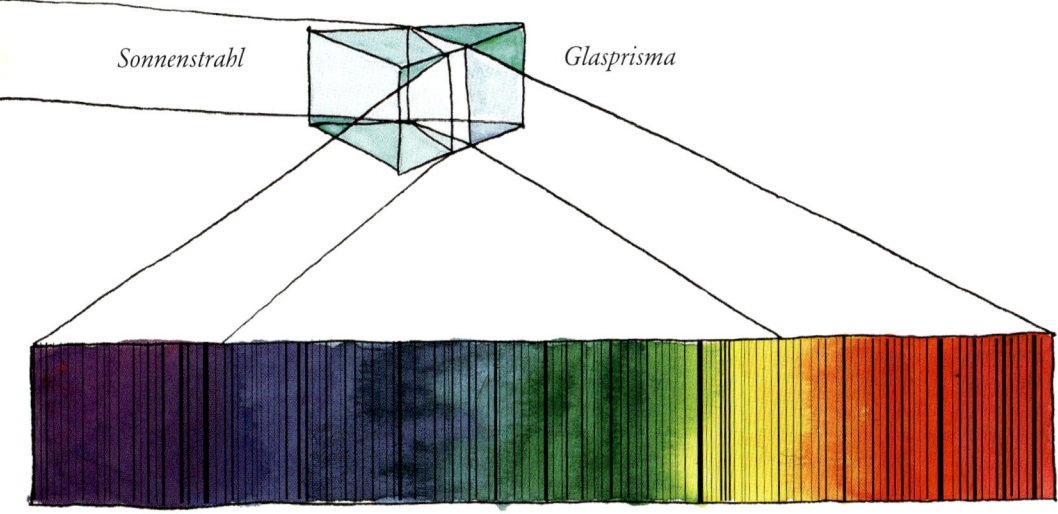

Sonnenstrahl

Glasprisma

Ein Glasprisma zerlegt das Licht in die Spektralfarben. Die schwarzen Linien weisen auf Elemente hin, die wir von der Erde her kennen. Gewöhnlich wird das Spektrum von der Prismenseite aus abgebildet, Rot ist dann links, Violett ist rechts.

Alles wie gehabt

Über Tausende von Jahren haben die Menschen die Sterne beobachtet, den Gang der Planeten enträtselt und den Dingen im Weltall den rechten Platz zugewiesen. Bis sie dann eines Tages angefangen haben, die Sterne selbst zu erforschen: Wieso leuchten sie, was leuchtet da überhaupt, aus was bestehen denn Sonne, Mond und Sterne? Ein Münchner hat den Anfang gemacht: Joseph von Fraunhofer.

Die optischen Geräte von Fraunhofer waren die besten der Welt. Mit einem seiner Teleskope wurde der Planet Neptun entdeckt und mit seinem Spektralapparat die schwarzen Linien im Sonnenspektrum. Worum gehts?

Ein natürlicher Spektralapparat ist zum Beispiel der Regen. Wassertropfen fächern das Licht der Sonne auf und wir sehen einen Regenbogen. Mit einem dreieckigen Glaswürfel – einem Prisma – kann man auch ohne Regen das Sonnenlicht aufspalten. Und mit einem wirklich exzellenten optischen Glas entdeckte Fraunhofer im Spektrum der Sonne hunderte feiner schwarzer Linien – der „genetische Code" der Sonne, der den Forschern fast vertraut vorkam: An genau der Stelle der schwarzen Linien senden im Labor normale Elemente wie Wasserstoff, Natrium oder Kalzium ihre hellen Spektrallinien aus. Es muss also auf und in der Sonne (und in allen Sternen) genau dieselben Elemente geben wie auf der Erde. Alles wie gehabt.

Aus dem Licht und der Strahlung der Sterne können wir das Alter, die Größe und die Entfernung zur Erde ableiten, wissen von Gasnebeln, endloser Kälte und Stille, Sternexplosionen, tausend Lichtjahre entfernten Galaxien und ahnen Ursprung und Ende der Welt. Bloß eines wissen wir nicht: Gibt es irgendwo da draußen noch andere Lebewesen?

Unter uns keine Hölle, und über uns nur der Himmel

Flaschenpost: Diese Botschaft von der Erde hat 1983 mit Pioneer 10 unser Sonnensystem verlassen. Wird sie mal zurückgebracht?

Der Pferdekopfnebel im Sternbild des Orion ist eine der bizarrsten Erscheinungen am Nachthimmel. Voyager 2 machte 1989 aus zehn Millionen Kilometern Entfernung die Aufnahme vom Neptun (links oben). Der Jupiter (links unten) besteht hauptsächlich aus Helium und Wasserstoff – fast wie ein Stern! Rechts unten das Hubble-Space-Teleskop.

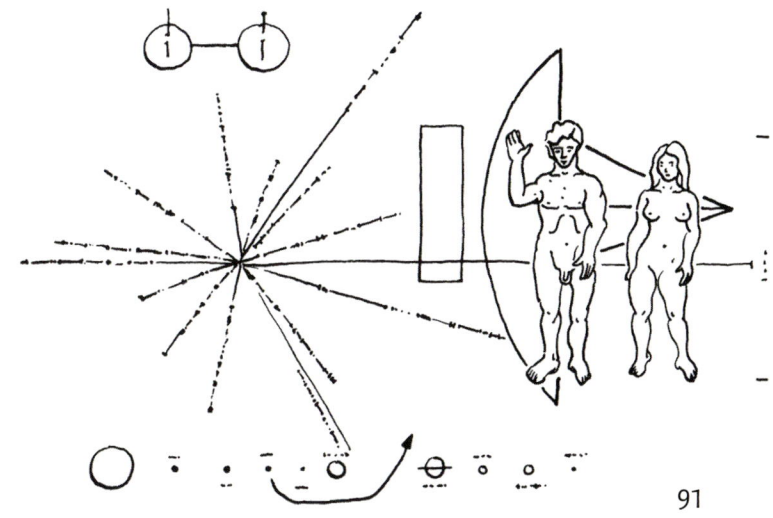

Im Museum wie auch im echten Leben:
Immer auch das Kleingedruckte lesen!

1903 gründet Oskar von
Miller, Vorsitzender des
Bayerischen Bezirksvereins
Deutscher Ingenieure, das
„Deutsche Museum von
Meisterwerken der Natur-
wissenschaft und Technik".

1906 wird die erste provisorische
Sammlung im Alten Nationalmuseum
eröffnet und der Grundstein für einen
neuen Museumsbau auf der Kohlen-
insel gelegt.

1909 beginnen die Bauarbeiten.
Die Kohlensinsel wird zur
Museumsinsel.

1925 sind die durch den Krieg ver-
zögerten Bauarbeiten abgeschlossen,
das Deutsche Museum wird eröffnet.

1928 wird der Grundstein für
den Bibliotheksbau gelegt,
die Bibliothek wird 1932 eröffnet,
der Kongresssaal folgt 1935.

Museumswelt

Das Universum
auf 55 000 Quadratmetern

1945 werden große Teile des Deutschen Museums im Zweiten Weltkrieg zerstört, der Wiederaufbau ist erst in den 1960er Jahren abgeschlossen

1976 werden im Kerschensteiner-Institut die ersten Kurse für Lehrer und Ausbilder gehalten.

1984 wird die Neue Luftfahrthalle eröffnet, mit diesem Anbau ist die Museumsinsel vollständig erschlossen, für Erweiterungen ist auf der Insel kein Platz mehr.

1992 öffnet die Flugwerft Schleißheim, das erste Zweigmuseum, ihre Pforten. Die Kongressräume werden in das Forum der Technik mit Kinos (davon ein IMAX-Kino mit Großleinwand), Planetarium und Ausstellungsräumen umgewandelt.

Aufgaben

Sammeln

Alle Menschen sammeln. Kinder sammeln, Großeltern sammeln, Chinesen sammeln und Eskimos. Wer von Berufs wegen sammelt, ist entweder Schmetterlingsfänger oder er arbeitet in einem Museum.

Die Sammlung, die man im Museum sieht, ist nur ein kleiner Teil der ganzen Sammlung, der (große) Rest liegt im Depot.

Das Museum ist kein Museum – es lebt.

Manchmal bringen Leute Dinge ins Museum, weil sie stolz darauf sind, und sie wollen ihre wertvollen Stücke ausgestellt wissen. Manchmal kauft das Museum wichtige Objekte für die Sammlung. Manchmal wird etwas spendiert, Firmen können da recht großzügig sein.

Forschen

Vieles, was im Museum landet, gibt Rätsel auf, will erforscht und hinterfragt werden. Bei der Fragerei tauchen neue Rätsel auf, die geklärt werden wollen. Das nennt man Forschung.

Im Deutschen Museum können auch die Besucher forschen: zum Beispiel in klaren Nächten am Sternenhimmel. Dafür gibt es zwei Teleskope: eines im Westturm, eines im Ostturm.

Vorführen

Durchs Museum zu streifen macht Spaß. Etwas zu kapieren ist eine andere Sache, und sie kann auch Spaß machen. Am besten versteht man etwas, wenn es einem gut erklärt wird. Zum Beispiel in einer Führung. Da kann man auch mal nachfragen und man sieht Sachen und hört Dinge, auf die wäre man im Leben nicht gekommen. Nicht von alleine.

Ausstellen

Was im Museum steht, heißt nicht Ding, Stück, Teil oder Trumm sondern Exponat, das „Ausgestellte". Und die darauf aufpassen, sind keine Wärter oder Aufseher, sondern die Mitarbeiterinnen und Mitarbeiter vom Ausstellungsdienst.

Alles dreht sich im Museum um die Ausstellungen – und um die, für die die Ausstellungen gemacht werden, nämlich die Besucherinnen und Besucher: dass sie sich wohlfühlen, dass sie sich zurechtfinden, dass sie alles verstehen. Wenn aus Besuchern echte Fans werden, nennen sie sich Mitglieder, zahlen einen Jahresbeitrag und dürfen umsonst rein. Mit Familie.

Schön aufregend ist es, wenn ein neues Exponat eintrifft: Es muss natürlich groß sein, damit es was zu sehen gibt. Alle Mitarbeiter, die vorbeikommen, bleiben stehen und untersuchen den Neuankömmling, finden ihn klasse, elegant, geschmacklos oder überflüssig. Alle wissen immer fast alles ein wenig besser als die anderen. Darüber kann man sich auch lange unterhalten. Dann wird wieder gearbeitet.

Speziell für das Deutsche Museum wurde ein Projektor entwickelt, der kleine Lichtpunke in eine große Kuppel wirft. So entsteht im Planetarium vor den Augen des Betrachters der Sternenhimmel. Mittlerweile kann man auf der ganzen Welt astronomische Bilder in Planetarien genießen, das Deutsche Museum hat aber das allererste!

Die Konservatoren

Im Deutschen Museum werden die Meisterwerke aus Technik und Wissenschaft bewahrt, sie werden „konserviert" – nicht in Dosen, aber immerhin. Und wer macht die Arbeit? Natürlich die Konservatoren. Bis vor kurzem sah jedes Büro wie ein kleines Museum aus; heute stehen überall Computer drin und alle Zimmer schauen fast gleich aus. Schade.

Das Exponat

Wie wird man Exponat?

Von Sammlern, Künstlern und Eisverkäufern

Nichts kommt als Exponat auf die Welt, Sachen werden erst im Museum zum Exponat, und das ist gar nicht so einfach. Manches wird erst gar nicht aufgenommen – Depotplatz ist rar und teuer und nach dem zehnten Achsschenkelbolzen Jahrgang 1935 ist Schluss.

Was ins Museum reinkommt, wird erstmal ausgemessen, gewogen, fotografiert und bekommt eine Nummer: die Inventarnummer. Damit gehört der frisch angelieferte Gegenstand zum Inventar des Museums und wandert zunächst ins Lager, in das Depot. Dort bleibt er bis zum Sankt-Nimmerleins-Tag oder es gelingt ihm der große Sprung in die Ausstellung. Dafür muss sich das gute Stück aber schon ein wenig rausputzen. Zum Glück gibts jede Menge Mitarbeiter, die ihm dabei helfen.

In der Exponataufnahme werden die Exponate ins Museum und dann mit der Kamera aufgenommen. Es schaut ein wenig aus wie auf dem Flohmarkt, aber für manches Stück ist es der Anfang einer wissenschaftlichen Karriere. Ein würdiges Ende ist das Museum allemal.

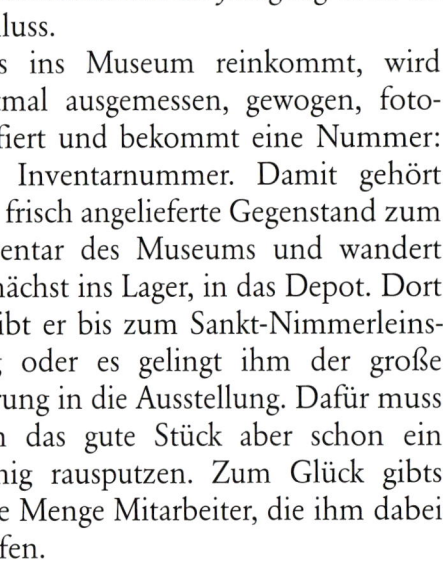

Was man nicht weiß, kann man in der Bibliothek nachlesen. Mitarbeiter dürfen auch ein paar Bücher mit ins Büro nehmen. Aber nicht zu viele, sonst gibts Ärger.

Wenn drei Menschen arbeiten, muss einer verwalten. Im Museum ist das nicht anders. Alles muss verwaltet werden: Akten, Geld und Mitarbeiter.

Die Fotografen rücken alles ins rechte Licht und drücken dann auf den Auslöser. Oder auf die Computer-Maus.

Der Gärtner passt auf, dass alles schön blüht und der Rasen gemäht wird. Das Museum ist eine grüne Insel in der grünen Isar.

Ohne Computer geht heute nichts mehr. Nicht mal im Museum. Die Informatiker wissen das. Die Medientechniker am besten.

Weil das Museum auch Musikinstrumente und Autos sammelt, gibt es einen Instrumentenbauer und einen Automechaniker.

Der Chauffeur fährt alles von hier nach dort und wieder zurück. Wer keinen Fahrauftrag schreibt, kriegt nichts.

Die Mannschaft

Im Deutschen Museum wird viel selbst gemacht. Die Exponate werden erst einmal auseinandergenommen, sauber gemacht, bei Bedarf geölt und gewachst, ausgebessert, geflickt und bemalt. Manchmal werden große Dinge im Kleinen nachgebaut – Brücken zum Beispiel oder Schiffswerften. Manchmal wird was in Originalgröße nachgebaut – etwa das Bergwerk. Viele fleißige Hände sind da von Nöten: Bildhauer, Modellbauer, Schreiner und Maler, aber auch Architekten, die die Räume gestalten, oder Grafiker, die mit Zeichnungen die Sachen erklären oder sich als große Künstler fühlen. Außerdem muss noch transportiert, geputzt und beleuchtet, kassiert und geschrieben werden, alles muss der Presse erzählt werden und oben passt einer auf: der Direktor. Einer muss noch Eis verkaufen.

Was zu schwer ist, transportiert der Gabelstapler. Er fährt dauernd im Hof herum, würde sich aber sicher auch in der Sammlung gut machen.

Der Morphofalter ist nicht wirklich schön:
braungrau bis durchsichtig.
Erst im Licht strahlt er wunderbar blau – wie das?
Die Nanoforschung hats rausgefunden.

1991 wird beschlossen, dass Berlin die deutsche Hauptstadt wird. Bonn ist damit nur noch so etwas wie eine kleine Nebenhauptstadt.

1995 wird das „Deutsche Museum Bonn – Forschung und Technik in Deutschland nach 1945" eröffnet. Das Museum geht neue Wege: Von der Isar an den Rhein und man konzentriert sich auf ein Land und einen Zeitraum.

2002 Die Sanierung der historischen Fassaden des Sammlungsbaus beginnt.

2003 wird das Deutsche Museum 100 Jahre alt. Es gibt eine große Feier und dazu das „Kinderreich". Und ein halbes neues Museum: das Verkehrszentrum auf der Theresienhöhe in München. Die andere Hälfte wird ein paar Jahre später eröffnet.

2006 ist das Verkehrszentrum fertig und die „Zukunftsinitiative" startet: Was braucht das Museum für die Zukunft – und was kostet das?

Von gestern nach morgen

Das Museum
erfindet sich neu

2009 Das ZNT – „Zentrum Neue Technologien"– wird eröffnet. Nano- und Biotechnologie präsentieren sich dem Publikum.

2011 ist schon einiges gelungen: Fassaden repariert, Ober- und Dachgeschosse heizen sich nicht mehr so auf, im Winter weniger Heizkosten, Brandschutz erneuert.

2013 eröffnet die Weststernwarte wieder – mit einem frisch restaurierten Fernrohr.

2015 Das Planetarium wird mit neuem Sternenprojektor und digitaler Fulldome-Projektion ausgestattet.

2015–2019 Der erste Teil des Sammlungsgebäudes wird saniert, alle Ausstellungen in diesem Bereich werden erneuert.

2020 soll die Außenstelle Nürnberg im Augustinerhof eröffnet werden. Das Motto: „Technik erlebbar machen".

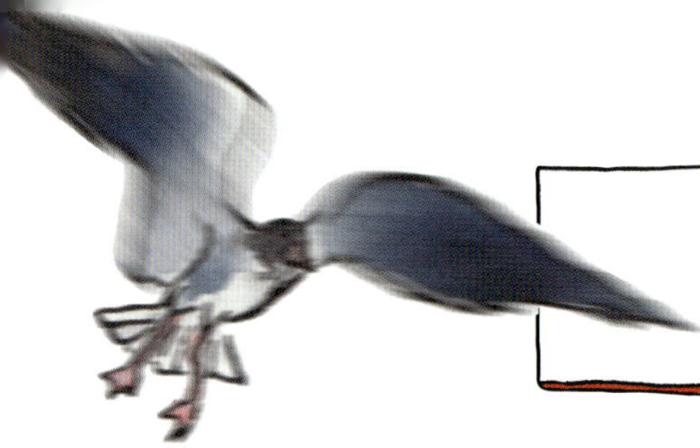

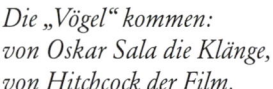

Neuland

*Die „Vögel" kommen:
von Oskar Sala die Klänge,
von Hitchcock der Film.*

*Im Gespräch
mit Wissenschaft
und Technik*

Bonn

Klein aber fein: 1995 wurde das Deutsche Museum Bonn eröffnet. In fünf Bereichen wird die Geschichte der Forschung und Technik im modernen Deutschland erzählt. Sie heißen „Elementares", „EisBrecher", „Himmel und Hölle", „Grenzgänger" und „Tradition–Vision" und führen auf einer spannenden Reise hin zu den großen Fragen: Wer macht was warum für wen?

„Wer ein Trautonium will, muss sich eins bauen", sagt Oskar Sala – und er muss es wissen. Sala hat zusammen mit dem Techniker Friedrich Trautwein den Vorläufer des Synthesizers entwickelt. Oskar Sala war der Musiker, er hat das Trautonoium zum Klingen gebracht und ihm die seltsamsten Töne und Geräusche entwickelt. Hitchcock hat mit Salas Klängen seine Vögel so richtig schön unheimlich gemacht.

Noch so ein technisches Wunder, es steht am Eingang vor dem Bonner Museum: Der Transrapid, eine Bahn ohne Räder. Würde sie fahren, würde sie mit magnetischer Kraft über ihr Gleis schweben. Aber sie fährt nicht. Außer in Shanghai.

Verkehrszentrum

2003 wurde das Deutsche Museum 100 Jahre alt. Zum Fest hats von der Stadt München drei alte Messehallen gegeben – die hat die Stadt nicht mehr gebraucht. Es hat eine Weile gedauert, aber jetzt kann man auf der Theresienhöhe alles bewundern, was zwei, vier oder 28 Räder hat, laut ist, stinkt, oder leise und elektrisch durch die Gegend summt. Dazu Gleise, Schlittschuhe, Ampeln und ganze 1000 Kubikmeter Münchner Schotterebene.

Kinderreich

Die Autos und Lokomotiven sind fort und gleich wird eine Halle für die Kinder in Beschlag genommen: Das Kinderreich kommet – die erste Ausstellung für ein exklusives Publikum von 3 bis 8 Jahren. Diese Kinder sind Forscher. Sie wollen alles wissen und erobern im Spiel die Welt. Kinder experimentieren mit der Schwerkraft der Bausteine und der Fliehkraft des Karussells. Sie erforschen Klänge und Gase in der Badewanne. Für sie ist das Kinderreich!

Neue Technologien

Das DNA-Besucherlabor schwebt über der Ausstellung Nano- und Biotechnologie.

Das ZNT

Das Zentrum Neue Technologien im Deutschen Museum führt uns in den Nanobereich und die Biotechnologie. Nano heißt Zwerg, der Nanobereich ist die Welt von einigen millionstel Millimetern. Hier trifft der Nanoforscher auf seine Kollegen von der Biotechnologie – und sie haben viel gemeinsam ...

Nanoforscher haben das Geheimnis der berühmten Damaszener Klingen gelüftet.

So sieht es aus in der Nano- und Biotechnologie-Ausstellung.

Nano- und Biotechnologie entschlüsseln die Geheimnisse der Materie, der Stoffe, Zellen und Organe, der kleinsten Strukturen und Bauweisen im Bereich der Atome. Sie erforschen das Verhalten, das Wachsen, die Formen lebender Wesen im Grenzbereich von Substanzen und Zellstrukturen: molekulare Lebenswissenschaft. Das alles kann man nicht im (normalen) Mikroskop beobachten – trotzdem gibt es Möglichkeiten, „Nano" zu „sehen": Das Rastertunnelmikroskop machts möglich. Es tastet die Oberflächen der Winzstrukturen ab und baut sie optisch nach.

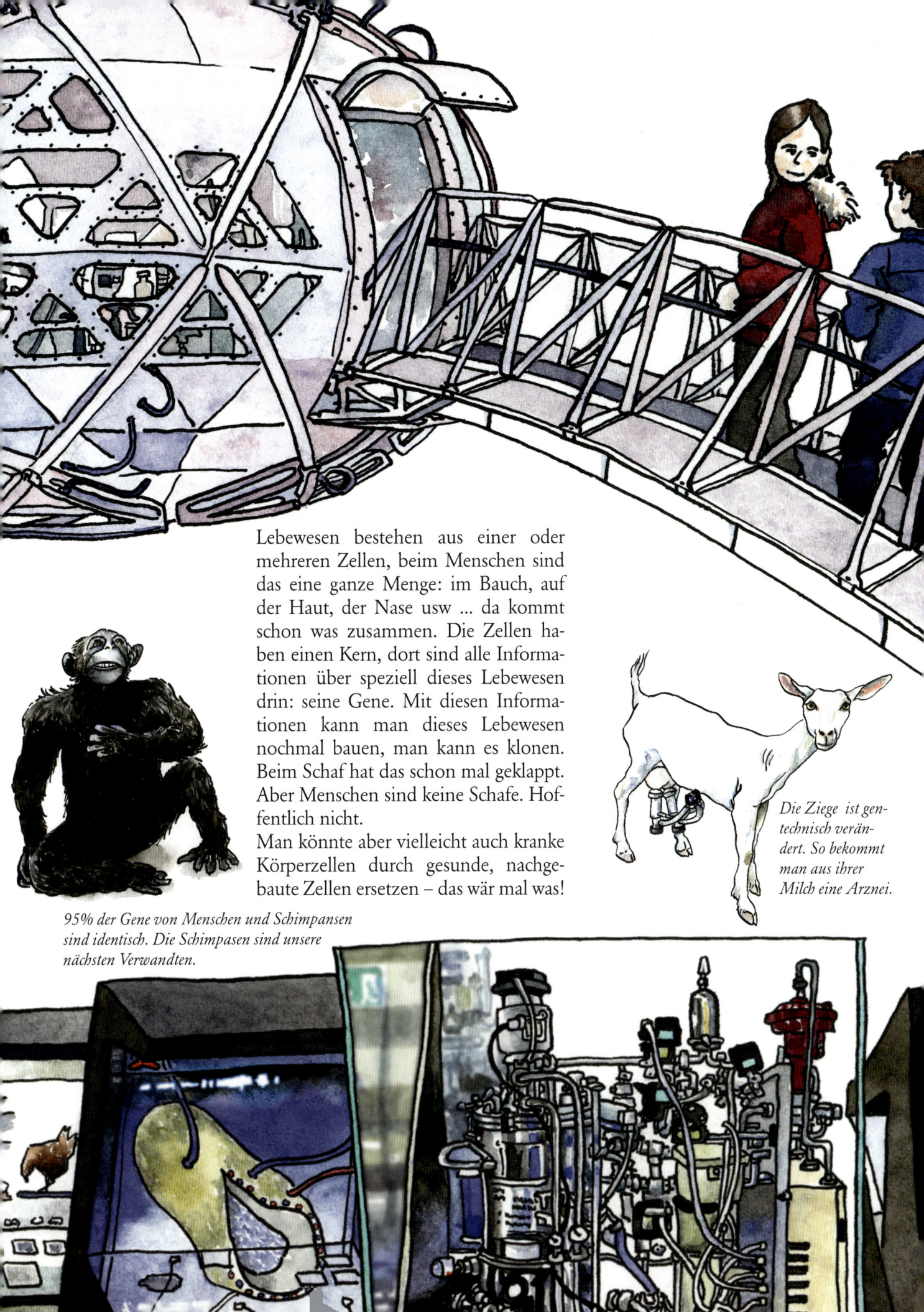

Lebewesen bestehen aus einer oder mehreren Zellen, beim Menschen sind das eine ganze Menge: im Bauch, auf der Haut, der Nase usw ... da kommt schon was zusammen. Die Zellen haben einen Kern, dort sind alle Informationen über speziell dieses Lebewesen drin: seine Gene. Mit diesen Informationen kann man dieses Lebewesen nochmal bauen, man kann es klonen. Beim Schaf hat das schon mal geklappt. Aber Menschen sind keine Schafe. Hoffentlich nicht.

Man könnte aber vielleicht auch kranke Körperzellen durch gesunde, nachgebaute Zellen ersetzen – das wär mal was!

Die Ziege ist gentechnisch verändert. So bekommt man aus ihrer Milch eine Arznei.

95% der Gene von Menschen und Schimpansen sind identisch. Die Schimpasen sind unsere nächsten Verwandten.

Zukunft kann kommen!

Dächer neu, Fassaden renoviert, Fenster sind dicht – prima!

Dächer, Treppen, Fassaden

Vor kurzem hatte das Museum seinen 100. Geburtstag. Ein ganzes Jahrhundert, das ist ein ordentliches Alter. Aber da geht schon mal was kaputt und muss gerichtet werden. Und irgendwann ist es so weit, da sagt man: Jetzt wird nicht mehr geflickt und drübergemalt, jetzt wird mal alles auf Vordermann gebracht, jetzt werden Nägel mit Köpfen gemacht.

Überall im Museum – und an den Plakatwänden in der Stadt – steht „Auf/zu" ... Damit sind das Museum und seine Zukunftsinitiative ganz gut beschrieben.

Das ist die Zukunftsinitiative. Da kommt viel Arbeit und die kostet viel Zeit und Geld. Aber alle wissen: Das Museum stellt sich auf die Zukunft ein, die Zeit bleibt ja nicht stehen und die Technik schon drei mal nicht. Jede Spende ist willkommen, und die Besucher wissen, dass die eine oder andere Ausstellung schon mal geschlossen sein kann. Macht aber nichts, das Haus ist groß: Auf/zur nächsten!

Ausstellungen

Nicht nur das alte Gemäuer wird in Ordnung gebracht, auch die Ausstellungen werden Schritt für Schritt neu angelegt; nur die ganz schönen, alten Ausstellungen bleiben. Die kann man gar nicht besser machen!

Hier ist alles ausgeräumt und Platz für neue Ideen, neue Exponate und neugierige Besucher.

So könnte die neue Roboter-Ausstellung aussehen!

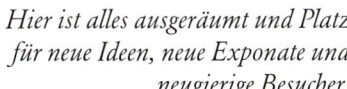

Mal mit anfassen!

Der kleine Roboter kann alles machen, was du willst. Du hast ihn programmiert!

Jetzt alle zusammen

Museum ist schön und gut, Sachen anschauen, etwas Neues entdecken und nachher einen Milchshake. So kann man tage-, ja wochenlang durch die Ausstellungen streifen und studieren, wie das eine mit dem anderen zusammenhängt und versteht so ein beachtliches Stück Welt.

Manchmal muss man aber einfach was ausprobieren. Selber mit den eigenen Händen etwas erfassen, rumtüfteln, zusammen mit anderen neue Wege gehen. Das Deutsche Museum hat da ein riesiges Angebot: täglich neu und immer was anderes.

Jede Menge Technik, jede Menge Wissenschaft: Roboter und Teleskope bauen, die Isar und ihre kleinen Bewohner untersuchen, Heilpflanzen kennenlernen oder Beweismittel sichern, um einen Tathergang zu rekonstruieren.

Sich zusammensetzen und experimentieren, oder: einen Zeppelin schweben lassen! Gemeinsam lernt es sich gut!!

Überall wird geforscht!

Auf der Museumsinsel gibt es jede Menge Labore und Workshops: In der Experimentier-Werkstatt kannst du Physik und Technik mit Händen begreifen, die Science Shows im ZNT machen Spaß und machen schlau: mit Vorführungen und Live-Experimenten. In der Flugwerft gibt es den Fliegezirkus und einen schwebenden Zeppelin. Und im Verkehrszentrum? Praktische Lebenshilfe: Wie flicke ich mein Fahrrad.

Die kleine Eule Pfiffikus bietet in Bonn Workshops für Kinder und ihren Entdeckergeist – auch an deinem Geburtstag!

Die Feste soll man feiern, wie sie fallen, deinen Geburtstag feierst du am besten mit deinen Freundinnen und Freunden im Deutschen Museum. Da ist jede Menge Platz und immer was los.

Wer einen Fahrradreifen reparieren kann, hat den ersten Schritt in die Selbständigkeit vollzogen. Das ist dann auch der direkte Weg zum Erfinder oder Nobelpreisträger.

Alles Museum

Moderne Technik rettet Leben: ein Dummy zeigt, wo genau Gefahren lauern, wenn's kracht.

Mit einem Satelliten konnten diese 840 Röntgenquellen aufgenommen werden, in der Mitte das galaktische Zentrum.

Die Dornier Do 24 ist eigentlich kein Flugzeug, sondern ein Flugboot. Sie stammt aus der Zeit des Zweiten Weltkriegs.

Bonn

Das Deutsche Museum Bonn erzählt in fünf Bereichen Geschichten zur deutschen Technik nach 1945. Für Kinder gibts das Schlauspielhaus.

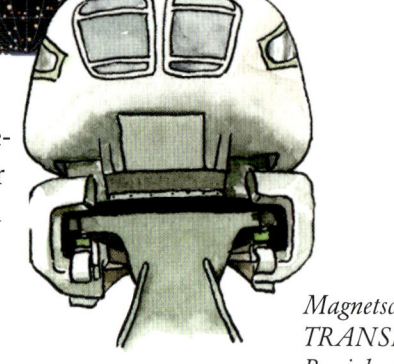

Magnetschwebebahn TRANSRAPID 06, Baujahr 1982

Das Dach der neuen Ausstellungshalle erinnert an die ersten Flugzeuge.

Erstes Auto: der Patentmotorwagen von Benz

Verkehrszentrum

In seinen Ausstellungen „Mobilität und Technik", „Reisen" und „Stadtverkehr" wird gezeigt, was man braucht, um von A nach B zu kommen – und das ganze Drumherum auf Schiene und Straße.

Deutsches Museum von Meisterwerken der Naturwissenschaft und Technik

Das Deutsche Museum ist mit das größte naturwissenschaftlich-technische Museum der Welt.
Jedes Jahr kommen über 1,5 Millionen Besucher in das Haus auf der Museumsinsel oder in eines der Zweigmuseen auf der Schwanthaler Höhe in München, in Oberschleißheim, in Bonn – und ab 2020 auch in Nürnberg.

Es geht auch langsam!

Fortschrittlich konstruiert: die „Landwührden", eine Lokomotive aus München, sie wurde 1867 ausgeliefert.

Im ZNT gehts auch um die Maus in der Wissenschaft.

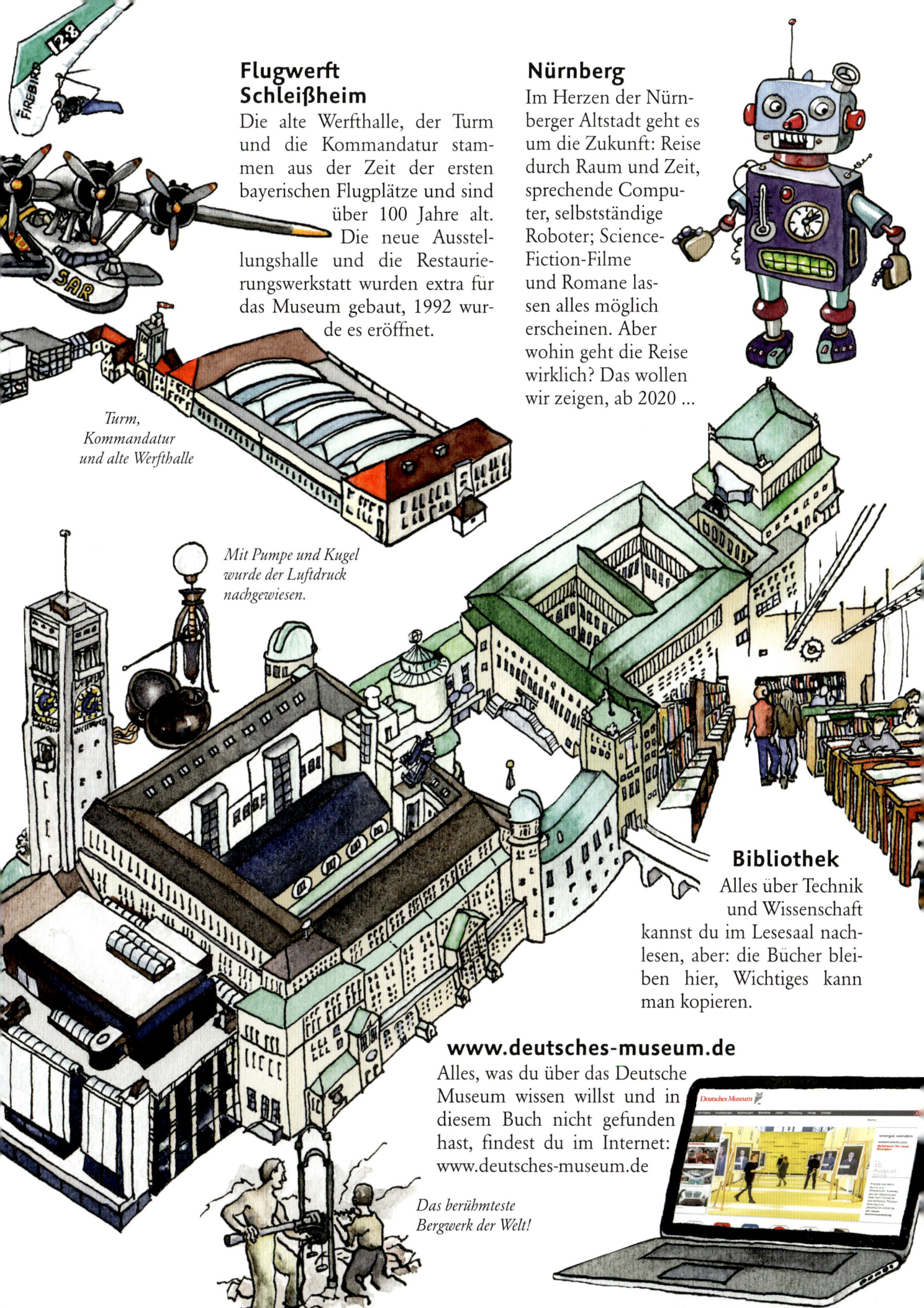

Flugwerft Schleißheim

Die alte Werfthalle, der Turm und die Kommandatur stammen aus der Zeit der ersten bayerischen Flugplätze und sind über 100 Jahre alt. Die neue Ausstellungshalle und die Restaurierungswerkstatt wurden extra für das Museum gebaut, 1992 wurde es eröffnet.

Turm, Kommandatur und alte Werfthalle

Mit Pumpe und Kugel wurde der Luftdruck nachgewiesen.

Nürnberg

Im Herzen der Nürnberger Altstadt geht es um die Zukunft: Reise durch Raum und Zeit, sprechende Computer, selbstständige Roboter; Science-Fiction-Filme und Romane lassen alles möglich erscheinen. Aber wohin geht die Reise wirklich? Das wollen wir zeigen, ab 2020 ...

Bibliothek

Alles über Technik und Wissenschaft kannst du im Lesesaal nachlesen, aber: die Bücher bleiben hier, Wichtiges kann man kopieren.

www.deutsches-museum.de

Alles, was du über das Deutsche Museum wissen willst und in diesem Buch nicht gefunden hast, findest du im Internet: www.deutsches-museum.de

Das berühmteste Bergwerk der Welt!

Impressum

Jeder Mensch braucht einen Ausweis, jedes Buch braucht ein Impressum. Das Impressum ist der Buchausweis, du findest es vorne oder – wie hier – hinten im Buch, und zwar mit den folgenden Angaben:

Die Auflage

Dies hier ist die 2. Auflage der *Spurensuche in der Welt der Technik*. Der erste Schwung *Spurensuche* ist im Jahr 2000 erschienen, diese Bucher sind alle verkauft. Jetzt hat man sich entschieden, eine 2. Auflage zu drucken, ein klein wenig abgeändert und ergänzt um aktuelle Ereignisse rund ums Museum.

Alle Rechte vorbehalten ...

...meint Folgendes: Ohne Genehmigung darf nichts kopiert werden. Kopieren kannst du naturlich so viel du willst, nur: Groß rauskommen damit, das geht nicht. Wenn du wirklich was benutzen willst, musst du schon fragen. Wir haben gefragt und: *Die Werft* (München) hat uns erlaubt, ihr Bild von der geplanten Ausstellung „Robotik" zu verwenden (S. 107); außerdem hat uns das *Max-Planck-Institut für extraterrestrtische Physik* (Garching) erlaubt, die Sternenkarte auf Seite 110 in das Buch mit aufzunehmen. Danke!

Umschlaggestaltung

steht auch oft im Impressum. Ist aber bei der Spurensuche klar: Christof Gießler hat den Umschlag gestaltet – und den Rest der Bilder dazu. Und den Text. Frank Ferschen von der *interconcept medienagentur* hat geschaut, dass alles klappt, Irene Püttner und Anna Krutsch haben sich um die Bildvorlagen gekümmert. Und viele Kolleginnen und Kollegen haben geholfen –, dass der Text und das Drumherum stimmen. Ihnen allen: vielen, vielen Dank. Aber ganz besonders: Anja Bayer und Rolf Gutmann vom *Verlag des Deutschen Museums*.

Druck

BONIFATIUS Druck GmbH, Paderborn

ISBN 978-3-940396-63-1

Jedes Buch hat eine ISBN-Nummer Das ist praktisch und eindeutig –, wenn man das Buch bestellt!

Und dann komm mal wieder
ins Museum!